输煤系统反事故措施及案例

何爱军 编

中国电力出版社
CHINA ELECTRIC POWER PRESS

内 容 提 要

本书通过典型的输煤系统事故案例，对输煤系统的反事故措施进行了充分说明，主要包括：防止输煤系统人身伤亡事故的措施、防止输煤系统火灾的措施、输煤系统其他安全措施、输煤系统典型人身伤亡事故案例、输煤典型火灾事故汇编、输煤典型设备损坏事故汇编。本书内容结合生产实际，针对性和实用性强。

本书适用于火电厂输煤系统相关工作人员，也可供电厂技术人员、大专院校相关专业师生参考。

图书在版编目（CIP）数据

输煤系统反事故措施及案例/何爱军编．—北京：中国电力出版社，2013.1（2022.4 重印）

ISBN 978 - 7 - 5123 - 3379 - 6

Ⅰ．①输… Ⅱ．①何… Ⅲ．①火电厂－电厂燃烧系统－设备事故－事故预防②火电厂－电厂燃烧系统－设备事故－案例 Ⅳ．①TM621.2

中国版本图书馆 CIP 数据核字（2012）第 182551 号

中国电力出版社出版、发行

（北京市东城区北京站西街 19 号 100005 http：//www.cepp.sgcc.com.cn）
北京雁林吉兆印刷有限公司印刷
各地新华书店经售

*

2013 年 1 月第一版 2022 年 4 月北京第三次印刷
850 毫米×1168 毫米 32 开本 4.375 印张 95 千字
印数 4001—4800 册 定价 **20.00** 元

前　　言

　　输煤系统是火电厂的主要辅助系统之一，具有转动设备多，运行和控制方式独特，生产人员技术水平偏低的特点。为了认真贯彻"安全第一，预防为主，综合治理"的方针，实现输煤系统的安全、稳定运行，编者收集了近年来国内电力系统输煤专业发生的典型事故案例，以及上级部门下发的一些防止输煤系统发生事故的技术措施和组织措施，并结合电厂的实际情况编写了本书，目的是使输煤系统生产人员提高安全意识。

　　从本书的事故案例中可以看出，事故的发生并不是偶然、孤立的，每起事故的发生都与人、机、环境这三大因素有关。人员的违章指挥、违章操作和违反劳动纪律，是引发事故的主要原因。因此应加强对事故案例和措施的学习，举一反三，杜绝类似事故的发生；同时应深刻吸取事故教训、提高防范事故意识、增强防范事故的能力，促进电力安全生产水平不断提高，为企业安全生产作出应有的贡献。

　　限于编者水平，本书中难免有疏漏之处，敬请广大读者批评、指正。

编　者

2012 年 12 月

目　录

前言

第1章　防止输煤系统人身伤亡事故的措施 ……………… 1

1.1　《防止电力生产重大事故的二十八项重点要求》
　　　摘录 …………………………………………… 1

1.2　《防止输煤人身伤亡的重点要求》摘录 ………… 2

第2章　防止输煤系统火灾的措施 ………………………… 4

2.1　《防止电力生产重大事故的二十八项重点要求》
　　　摘录 …………………………………………… 4

2.2　燃油罐区防火措施 ……………………………… 5

2.3　防止输煤皮带着火措施 ………………………… 5

2.4　《防止输煤系统火灾事故的重点要求》摘录 …… 5

第3章　其他安全措施 ……………………………………… 7

3.1　输煤系统防止设备损坏安全措施 ……………… 7

3.2　输煤专业上煤措施 ……………………………… 8

3.3　减少非停的控制措施 …………………………… 10

3.4　输煤专业防止原煤仓进大块措施 ……………… 11

3.5　输煤防止误操作和防止人身伤亡措施 ………… 12

3.6　输煤防止电气误操作措施 ……………………… 13

3.7　输煤雨季保证上煤系统正常运行措施 ………… 21

3.8　输煤防止油罐爆燃的技术措施 ………………… 22

3.9　输煤节水、节电措施 …………………………… 23

3.10　输煤运行防止皮带划破撕裂的防范措施 …… 24

3.11　输煤专业防风措施 …………………………… 26

3.12 输煤程控故障非正常运行期间技术措施 ⋯⋯⋯⋯ 26

3.13 输煤专业防冻措施 ⋯⋯⋯⋯⋯⋯⋯⋯⋯⋯ 27

3.14 防汛措施 ⋯⋯⋯⋯⋯⋯⋯⋯⋯⋯⋯⋯⋯ 29

3.15 输煤专业防暑过夏措施 ⋯⋯⋯⋯⋯⋯⋯⋯ 30

3.16 防止斗轮机设备损坏的安全措施 ⋯⋯⋯⋯ 31

3.17 输煤专业安全保电措施 ⋯⋯⋯⋯⋯⋯⋯⋯ 32

第4章 输煤系统典型人身伤亡事故案例及分析 ⋯⋯⋯ 34

4.1 某电厂燃料分场人身死亡事故 ⋯⋯⋯⋯⋯ 34

4.2 某发电厂高处坠落人身死亡事故 ⋯⋯⋯⋯ 35

4.3 某电厂人身死亡事故 ⋯⋯⋯⋯⋯⋯⋯⋯⋯ 36

4.4 某电厂人身触电死亡事故 ⋯⋯⋯⋯⋯⋯⋯ 37

4.5 某电力能源公司人身死亡事故 ⋯⋯⋯⋯⋯ 38

4.6 某发电厂民工重大死亡事故 ⋯⋯⋯⋯⋯⋯ 40

4.7 某电厂违章从高处抛扔物件造成死亡事故 ⋯⋯ 41

4.8 某发电厂卸煤机操作室外死亡事故 ⋯⋯⋯ 42

4.9 某电厂违反规程造成死亡事故 ⋯⋯⋯⋯⋯ 42

4.10 某发电厂违反值班纪律造成死亡事故 ⋯⋯ 44

4.11 某电厂违章作业造成的死亡事故 ⋯⋯⋯⋯ 45

4.12 某发电厂违章卸煤造成车翻人亡事故 ⋯⋯ 46

4.13 某电厂煤场无指挥造成伤亡事故 ⋯⋯⋯⋯ 47

4.14 某发电厂触电人身死亡事故 ⋯⋯⋯⋯⋯⋯ 48

4.15 某发电厂人身死亡事故 ⋯⋯⋯⋯⋯⋯⋯⋯ 49

4.16 某热电公司人身死亡事故 ⋯⋯⋯⋯⋯⋯⋯ 51

4.17 某热电厂机械伤害死亡事故 ⋯⋯⋯⋯⋯⋯ 53

4.18 某发电厂燃料机械伤害事故 ⋯⋯⋯⋯⋯⋯ 55

4.19 某发电厂燃料分场人员违章造成死亡事故 ⋯⋯ 56

4.20 某电厂燃料分场皮带值班员死亡事故 ⋯⋯ 58

4.21　某热电厂劳务工死亡事故 ……………………… 60

4.22　某热电厂输煤工人被运输煤车挤伤致死事故 …… 62

4.23　某热电厂燃检技术员被螺旋卸煤机挤死事故 …… 64

4.24　某发电厂燃料分场卸煤工被煤车挤死事故 ……… 66

4.25　某电厂皮带值班员死亡事故 …………………… 67

4.26　某热电厂临时工死亡事故 ……………………… 70

4.27　某燃料公司职工酗酒后落水事故 ……………… 71

4.28　某发电厂输煤机械伤害事故 …………………… 72

4.29　四起输煤机械伤害死亡事故 …………………… 73

4.30　某电厂龙门抓挤人致死事故 …………………… 76

4.31　某发电厂崩冻煤坍塌致死事故 ………………… 77

4.32　某发电厂燃料运行班长死亡事故 ……………… 79

4.33　某供电公司油罐爆炸造成人身死亡事故 ……… 81

4.34　某发电厂燃料检修工人触电死亡事故 ………… 83

4.35　某热电厂煤粉仓掉人窒息死亡事故 …………… 85

4.36　某发电厂卸煤机司机死亡事故 ………………… 86

4.37　某电厂基建工程较大人身伤亡事故 …………… 87

4.38　某发电厂煤场人身死亡事故 …………………… 89

4.39　某电厂推土机司机落入煤沟窒息死亡事故 …… 91

4.40　某电厂高处坠落人身死亡事故 ………………… 92

4.41　某电厂人身死亡事故 …………………………… 93

4.42　某发电厂燃料车间人身死亡事故 ……………… 94

4.43　某发电公司人身死亡事故 ……………………… 95

4.44　某发电公司厂内铁路交通事故 ………………… 96

第5章　输煤典型火灾事故汇编 ……………………… 98

5.1　某电厂链斗式卸船机火灾事故 …………………… 98

5.2　某热电厂煤粉自燃火灾事故 …………………… 99

5.3　某电厂输煤栈桥火灾事故 ·············· 100

5.4　某热电厂输煤栈桥积粉自燃导致重大火灾事故 ··· 101

5.5　某电厂输煤栈桥烧塌事故 ·············· 103

5.6　某电厂输煤皮带重大火灾事故 ·············· 106

5.7　某发电厂输煤皮带火灾事故 ·············· 107

5.8　某电厂煤粉仓爆炸事故 ·············· 108

5.9　某电厂 4 号皮带烧损事故 ·············· 109

5.10　某电厂输煤 5 号皮带火灾 ·············· 110

5.11　某电厂输煤皮带火灾事故 ·············· 110

第 6 章　输煤典型设备损坏事故汇编 ·············· 114

6.1　某电厂 11 号皮带运输机胶带纵向划裂 ·············· 114

6.2　某电厂输煤 3 号甲皮带运行中被脱落托辊刮损 ··· 114

6.3　某发电厂皮带问题对外限电 ·············· 115

6.4　某发电厂斗轮机皮带划破 ·············· 116

6.5　某发电厂烧坏 800kW 碎煤机电动机 ·············· 116

6.6　某发电厂碎煤机电动机烧坏 ·············· 117

6.7　某电厂四期甲碎煤机电动机故障 ·············· 119

6.8　某电厂四期输煤 7 号乙皮带撕裂 ·············· 120

6.9　某电厂一二期输煤 2 号斗轮机轮斗轴断裂 ········ 120

附录　反习惯性违章 ·············· 122

第1章 防止输煤系统人身伤亡事故的措施

1.1 《防止电力生产重大事故的二十八项重点要求》摘录

为防止人身伤亡事故发生，应严格执行国家《安全生产法》、《安全生产工作规定》、《电业安全工作规程》，以及其他有关规定，并重点要求如下：

（1）工作或作业场所的各项安全措施必须符合《电业安全工作规程》（以下文中简称《安规》）和 DL 5009.1—1992《电力建设安全工作规程》的有关要求。

（2）领导干部应重视人身安全，认真履行自己的安全职责，认真掌握各种作业的安全措施和要求，并模范地遵守安全规程制度，做到敢抓敢管，严格要求工作人员认真执行安全规程制度，杜绝习惯性违章，严格劳动纪律，并经常深入现场检查，发现问题及时整改。

（3）定期对人员进行安全技术培训，提高安全技术防护水平。

1）应经常进行各种形式的安全思想教育，提高职工的安全防护意识和安全防护方法。

2）要对执行安全规程制度中的主要人员（如工作票签发人、工作负责人，工作许可人、工作操作人、监护人等）定期进行正确执行安全规程制度的培训，务使熟练掌握有关安全措施和要求，明确职责，严把安全关。

（4）在防止触电、高处坠落、机器伤害、灼烫伤等事故方面，应认真贯彻安全组织措施和技术措施，并配备经国家或省、部级质检机构检测合格的、可靠性高的安全工器具和防护用品，完善设备的安全防护设施（如输煤系统等），从措施和装备上为安全作业创造可靠的条件。淘汰不合格的工器具和防护用品，以提高作业的安全水平。

（5）提高人员在生产活动中的可靠性是减少人身事故的重要方面，违章是人员的可靠性降低的表现，要通过对每次事故的具体分析，找出原因，从中积累经验，采取针对性措施提高人员生产活动中的可靠性，防止伤亡事故的发生。

1.2 《防止输煤人身伤亡的重点要求》摘录

（1）储煤场地、皮带通廊照明充足。

（2）输煤皮带通廊干净、畅通。

（3）输煤皮带两侧栏杆齐全，皮带超过 25m 至少有一处通行桥。

（4）输煤皮带两侧应装设事故拉线开关。

（5）输煤皮带头部滚筒加装刮煤器。

（6）装设皮带启动信号灯，警铃、电话机等，并在通廊设电话。

（7）皮带、斗轮机、翻车机开动前应先发音响信号，音响信号应列入启动程序予以连锁，在各类抓煤机械活动范围内，禁止人员通过或进行其他工作。

（8）输煤皮带运行中严禁人员上下、对设备进行维修，以及人工清理皮带滚筒粘煤等工作。

（9）在运煤机械上作业必须按《电业安全工作规程》的规定履行工作票制度和工作许可手续，并严格执行各项安全技术措施。

（10）输煤皮带无论运转或停止，不准人在上面跨越、行走或站立。

（11）输煤各转动机械部分应加装护罩或护网，露出的轴端设防护盖。

（12）运煤机械和推土机的刹车应定期维护并且必须灵活可靠，在高煤层陡坡上，推煤时要防止推土机倾翻伤人。

（13）煤场卸煤孔的箅子应坚固完整，卸煤孔煤层超过1.5m时，禁止站在箅子上捅煤。

第2章 防止输煤系统火灾的措施

2.1 《防止电力生产重大事故的二十八项重点要求》摘录

（1）控制室、开关室、计算机室等通往电缆夹层、隧道、穿越楼板、墙壁、柜、盘等处的所有电缆孔洞和盘面之间的缝隙（含电缆穿墙套管与电缆之间的缝隙），必须采用合格的不燃或阻燃材料封堵。

（2）扩建工程敷设电缆时，应加强与运行单位密切配合，对贯穿在役机组产生的电缆孔洞和损伤的阻火墙，应及时恢复封堵。

（3）电缆竖井和电缆沟应分段作防火隔离，对敷设在隧道和厂房内构架上的电缆要采取分段阻燃措施。

（4）靠近高温管道、阀门等热体的电缆应有隔热措施，靠近带油设备的电缆沟盖板应密封。

（5）尽量减少电缆中间接头的数量，如需要，应按工艺要求制作安装电缆头，经质量验收合格后，再用耐火防爆盒将其封闭。

（6）建立健全电缆维护、检查及防火、报警等各项规章制度。坚持定期巡视检查，对电缆中间接头定期测温，按规定进行预防性试验。

（7）电缆沟应保持清洁，不积粉尘，不积水，安全电压的照明充足，禁止堆放杂物。锅炉、输煤车间内架空电缆上的粉尘应定期清扫，并制定切实可行的制度。

2.2 燃油罐区防火措施

（1）油罐或油箱的加热温度必须根据燃油种类严格控制在允许的范围内，加热燃油的蒸汽温度应低于油品的自燃点。

（2）油区、输卸油管道应有可靠的防静电安全接地点装置，并定期测试接地电阻值。

（3）油区、油库必须有严格的管理制度，油区内明火作业时，必须办理动火工作票，并应有可靠的安全措施。对消防系统应按规定日期进行检查试验。

（4）油区内易着火的临时建筑要拆除，禁止存放易燃物品。

2.3 防止输煤皮带着火措施

（1）输煤皮带停止上煤期间，也应坚持巡视检查，发现积煤，积粉应及时清理。

（2）煤垛发生自然现象时应及时扑灭，不得将带有火种的煤送入输煤皮带。

（3）燃用易自燃煤种的电厂应采用阻燃输煤皮带。

（4）应经常清扫输煤系统、辅助设备、电缆排架等各处的积粉，保证输煤系统无积煤、积粉。

（5）输煤除尘系统应纳入运行设备管理，保证有效运行。

2.4 《防止输煤系统火灾事故的重点要求》摘录

（1）严格劳动纪律和岗位责任制，无论输煤皮带运行还是停运，运行人员必须按规程规定认真交接班，定期巡回检查，定期清扫，不得擅离职守。

（2）储煤场应定期检查存煤自燃情况，发现自燃及时消除，并不得将带有火种的煤运往皮带。

（3）两侧皮带按运行规程规定轮换运行，皮带长时间停运不得存煤，并在停运前将所有通到皮带、原煤斗和除尘通风管内的积煤清理干净，防止煤粉自燃。

（4）输煤通廊应坚持每班水冲洗地面，除尘系统要经常投入使用，冬季也应保证水冲洗地面和除尘，有缺陷应抓紧修复。基建工程中除尘装置的设计选型要适应生产需要，机组投产时，地面水冲洗及除尘系统应按设计完成施工，同时投入运行。

（5）建立输煤系统定期清扫制度，通廊、电缆上面和运煤转动机械的外壳，应保持清洁不积煤。清扫的积煤、积粉不准放到停运的皮带上。

（6）加强输煤电缆事故的预防，消除电缆老化现象，避免机械损伤，清除电缆积粉，定期做预防性试验，控制电缆过负荷。

（7）输煤消防系统、器材定期检查、试验，有缺陷的要尽快修好使用，平时不准任意解除消防系统，并将之作为输煤交接班的检查内容。

（8）基建设计和检修更换皮带，对于燃用高挥发分的煤种，应选用阻燃皮带。

（9）皮带通廊应加装火险报警装置，并建立定期维护试验制度。

第3章 其他安全措施

3.1 输煤系统防止设备损坏安全措施

(1) 入场煤粒度小于300mm，防止大煤矸石、大木块、铁块、铁棍和大石块进入煤场，如有应捡出或砸碎，否则会造成皮带划破或损坏设备的事件发生。

(2) 煤斗算子间隔小于200mm，不许拿掉煤斗算子上煤，煤算子上的大块煤应打碎，其他杂物清出煤场。

(3) 皮带架托辊齐全皮带方可运行。

(4) 皮带在运行中发现有划破或划痕，应停止皮带，找出划破原因并消除，才能启动设备继续运行。

(5) 皮带运行不允许超出额定出力，更不允许启动重车，停重车后把皮带上的煤清除后才能启动。

(6) 输煤设备的落煤口与皮带的距离不小于下煤筒的内径。下煤筒落煤不能垂直落到皮带上，应倾斜小于55°。

(7) 输煤各级的落煤差小于4m，如果超过4m，应改变几次角度缓冲后再落到皮带上。

(8) 输煤运行值班员要坚守岗位，监视设备发现有异常情况或设备损坏应及时停止设备，排除设备故障，不能排除的及时汇报班长。

(9) 碎煤机停止，运行入口不许进煤，碎煤机内每班上完煤后清除机内积煤和杂物，含筛板上的杂物。

(10) 斗轮机取煤离开地面1.5m，不许撮地。

(11) 在斗轮机的斗口顺斗焊100mm×100mm箅子，防止煤场"三大块"上皮带。

（12）推土机、汽车在煤场工作，应离开斗轮机 5m 以外（回转范围）。

（13）推土机在室外停放，10 月 1 日后应放水，在室内停放温度低于 0℃ 也应放水，防止冻坏缸体；应注意更换防冻液。

（14）煤场煤自燃着火，推土机不许推着火煤，防止推土机着火。

（15）坚持设备定期试验轮换制，按设备定期检查制度和加油制度进行检查和加油，防止缺油或油变质损坏设备。

（16）电动机轴承定期加油脂，电动机定期测绝缘和紧固接线螺栓。

（17）输煤设备按检修工艺规程定期大小修，有缺陷及时消除，设备不许带缺陷运行。

3.2 输煤专业上煤措施

（1）输煤专业上煤时，应合理进行配煤，保证锅炉的正常用煤，防止断煤及空斗事件的发生。输煤班长接班后，立即向值长汇报本班设备情况，然后听从值长安排运行方式，任何班组不得擅自改变上煤点，如设备检修或故障，应及时汇报值长，重新安排上煤点。

（2）保洁公司在冲洗地面时，严禁将水冲在皮带上；运行侧皮带严禁冲洗皮带机架、电缆桥架；如运行人员发现皮带上有水，应先将皮带机电源停电，做好安全措施，先把水放到地面上，然后进行上煤；严禁水进入原煤斗造成给煤机堵煤。

（3）进入雨季，为保证设备正常运行，防止因下雨造成上煤中断或湿煤堵落煤桶，造成上煤困难，制订如下措施：

1）汽车沟（筒仓）内必须存满，不能取空，在紧急情况下备用；火车沟内必须存半沟煤，不能取空，在紧急情况下备用。

2）下雨时，运行人员应及时将室外皮带上的水放掉，斗轮机中心下煤桶、头部落煤筒的积煤及时清理，防止因堵煤过多造成上煤困难。

3）下雨天火车来煤后，尽量安排从火车沟取煤，防止从煤场取煤因煤湿造成输煤下煤筒、给煤机堵煤或原煤斗筒壁粘煤。如条件允许，火车来煤后，先将火车沟卸满，其余备用。

4）下雨天，火车沟无煤的情况下，如必须从煤场上煤，应汇报车间领导、值长，先通知燃管部推土机班进行推煤，将上面湿煤推出或进行混煤作业，从斗轮机上煤采取分层取煤的措施进行上煤。

5）在雨天上煤，各原煤斗应均匀上煤，保证煤位正常。

6）在雾天能见度小于 35m，斗轮机严禁使用，并将轮斗放在煤场，用夹轨器夹住，断开低压电源。

7）在大风大雨天，斗轮机不能取煤，在汽车沟或火车沟无煤的情况下，汇报车间领导、部领导，启动上煤紧急预案，进行盘煤作业。盘煤时，应将上层的湿煤推开然后进行盘煤。

（4）进入冬季，为保证设备的正常运行，防止因下雪造成上煤中断或雪块堵住给煤机入口，造成跳磨事件的发生，制订如下措施：

1）汽车沟（筒仓）内必须存满，不能取空，在紧急情况下备用；火车沟内必须存半沟煤，不能取空，在紧急情况下备用。

2）在下雪时，运行人员及时将室外皮带倒转，将犁水器放下，将雪全部犁下，然后进行上煤作业。

3）下雪天火车来煤后，尽量安排从火车沟取煤，防止从煤场取煤因煤湿造成输煤下煤筒、给煤机堵煤或原煤斗筒壁粘煤。如条件允许，火车来煤后，先将火车沟卸满，其余备用。

4）在下雪时，应先从汽车沟或火车沟上煤，在汽车沟或火车沟无煤的情况下，汇报车间领导、值长，通知燃管部推土机进行混煤作业，将煤场上层的积雪推开，从斗轮机上煤采取分层取煤的措施进行上煤。

5）在雪天上煤，各原煤斗应均匀上煤，保证煤位正常。

6）在下雪时，运行人员应及时清理斗轮机两侧轨道上的积雪，防止斗轮机行走时打滑。

7）火车沟旁应储存多于 200t 煤，以备 2 台斗轮机（或滚轮机）故障时，启动上煤紧急预案，将备用煤用装载机或推土机推入火车沟，防止空斗现象发生。

3.3 减少非停的控制措施

为保证机组的正常运行，防止机组停运，特制订输煤专业减少非停的控制措施如下：

（1）所有设备在正常情况下一侧运行一侧备用，备用侧检修人员进行消缺工作。

（2）认真执行"三票三制"，杜绝习惯性违章和误操作事件的发生。

（3）运行中各除铁器必须投入运行，不能投入运行的应及时恢复，防止"三大块"进入碎煤机，损坏碎煤机。

（4）交接班认真检查重要辅助设备（如斗轮机、碎煤机、滚轴筛）的运行情况和轴承温度，接班前必须对斗轮机进行试转 0.5h，发现缺陷及时汇报并消除。

（5）检查各减速机、电动机的地脚是否松动，振动值是否在规定范围内。

（6）做好防暑过夏的各项工作，按要求执行。

（7）在下雨天，防止煤过湿堵塞给煤机，应停止投入喷淋系统，尽量用汽车沟或火车沟上煤，用斗轮机上煤应采取分层取煤。

（8）在下雪天，防止积雪堵塞给煤机，应用推土机将煤场的雪进行搅拌或推开，人工清理煤场两侧的积雪，保证给煤机的正常运行。

（9）在上煤紧张的情况下必须及时汇报值班领导、值长，原煤斗值班员严格监视煤斗煤位的运行情况；如仍无法上煤，应启动上煤紧急预案，做好相应的措施。

（10）原煤斗值班员应注意监视"三大块"进入原煤斗，发现后及时汇报班长，做好措施及时取出，防止发生给煤入口堵煤而造成跳磨。

（11）在运行中各值班员认真检查皮带机的运行情况，防止皮带发生撕裂、打滑、堵煤、跑偏等异常情况，保证皮带机的正常运行。

（12）做好设备的防冻工作，按要求执行，冬季应对 6 台斗轮机进行换油，保证斗轮机的正常运行。

（13）做好设备的定期工作，保证设备的正常运行。

3.4　输煤专业防止原煤仓进大块措施

（1）运行值班人员加强对运行皮带巡回检查，发现有大块或杂物要及时停设备清除，对已进入原煤仓无法清理的杂物要及时汇报车间领导和值长。

（2）运行人员应加强检查，确保皮带除铁器全部可靠的投入，并及时清理除铁器上的铁件，对不能投运的除铁器及时通知检修处理。

（3）运行人员加强对碎煤机、滚轴筛出口的煤质检查，发现碎煤机出口煤粒度超 30mm 或出料不均应及时停运,检查碎煤机筛板及滚轴筛筛轴间隙,防止大块煤进入原煤仓。

(4) 输煤检修人员工作必须自觉做到工完料净场地清,如运行人员检查发现现场有检修工作遗留杂物,应通知检修清理,如不清理汇报车间进行考核。

(5) 斗轮机司机和叶轮司机取煤时应注意煤场和缝隙煤沟内的煤质情况,发现有大块或杂物应及时清理。

(6) 运行班组每班必须对碎煤机进行检查清理。

(7) 对各班组拣出的煤中杂物经车间确认后按月上报进行奖励。

(8) 运行人员注意外来施工人员或其他闲杂人员往皮带上扔杂物,发现皮带上有杂物应及时取出。

(9) 保洁公司现场清扫人员严禁将杂物丢置在皮带上或原煤仓内,对栈桥内杂物应及时清理。

(10) 对运行人员举报抓住往输煤皮带上或原煤仓内丢置杂物的人员要重奖。

3.5 输煤防止误操作和防止人身伤亡措施

(1) 电气操作必须严格执行"操作票制度"和"操作监护制度"。对检修工作要加强监护工作。

(2) 电气值班人员在操作中必须穿工作服、绝缘鞋、绝缘靴,戴绝缘手套、护目眼镜。

(3) 合接地开关或装接地线必须由两人进行,严格执行《安规》中合接地开关或装接地线前,检验确无电压并遵循装拆接地线顺序的要求,谨防碰及临近的带电体。

(4) 所有电气值班人员在巡视设备的过程中,不得随意触及设备的启、停按钮,并注意与带电设备保持足够的安全距离。

（5）任何人在清理电气设备包括配电室卫生及从事其他工作时，不得随意攀登配电柜等电气设备。

（6）电气设备送电前，必须认真检查本设备和所属机械有无工作，确证设备符合送电条件。

（7）在同一电气间隔或相邻带电设备处从事检修工作时，必须在带电设备上挂"止步，高压危险"的警示牌。

（8）电气操作必须由两人进行，操作中必须认真核对设备位置、名称及编号，严防误入间隔。

（9）小车断路器每次推入柜内之前，必须检查断路器跳、合闸位置指示在跳闸位置，严防断路器在合闸位置推入小车。

（10）所有电气人员都要严格执行《安规》，明确现场的停电范围、运行工况，检修设备、工作地点的安全措施，做好带电设备带电标志，严格把好工作票关和安全关。

（11）电气设备检修工作未结束前，所有电气人员均不得改变现场安全措施。

（12）完善防误装置，防误装置存在缺陷时必须及时消除，不得随意解除防误装置闭锁。

（13）电气安全工器具必须符合《安规》要求，做好安全工器具的定期试验工作，对不合格者要及时更换，严禁使用不合格的安全工器具。

（14）严禁在生产现场乱拉乱接电源。

（15）加强对设备接地装置的检查，存在缺陷及时消除。

3.6　输煤防止电气误操作措施

为了防止电气误操作事故的发生，应逐项落实 GB 26860—2011《电力安全工作规程（发电厂和变电站电气部分）》、《防止电力生产重大事故的二十八项重点要求》以及其他有关规定，并重点要求如下：

1. 组织措施和管理规定

（1）要加强对运行人员防电气误操作的教育，杜绝各类违章行为，严格执行操作票、工作票、危险点预控票制度，并使三票制度标准化，管理规范化。

（2）操作监护人必须由熟悉电气操作的人员担任，原则上高岗位监护低岗位，不得随意指定，操作中必须严格执行监护复诵制。

（3）6kV 及以上电压等级的电气操作票和复杂的系统电源切换操作必须由专工监护。

（4）电气正常操作中，运行人员严格执行"五不操作"制度。

1）任务不明确、没有停送电通知单和操作票不操作。

2）安全用具不齐全不操作。

3）操作人对设备不熟悉不操作。

4）操作中发生疑问不操作。

5）操作人精神状态不好不操作。

（5）事故情况下，可不使用操作票，但必须由两人进行，严格执行监护制度，且必须与操作发令人保持通信讯联络畅通。

（6）严格执行调度命令，操作时不允许改变操作顺序。当操作发生疑问时，应立即停止操作并报告车间。不允许随意修改操作票，不允许解除闭锁装置。

（7）应结合实际制定防误装置的运行规程及检修规程，加强防误闭锁装置的运行和维护管理，确保已装设的防误闭锁装置正常运行。

（8）建立完善的万能钥匙使用和保管制度。防误闭锁装置不得擅自退出运行，停用防误闭锁装置时，要经本单位主管生产的副厂长（或总工程师）批准；紧急情况需短时间退出防误闭锁装置时，应经当值值长批准，并应按程序尽快投入运行。

（9）采用计算机监控系统时，远方、就地操作均应具备防止误操作闭锁功能。利用计算机实现防误闭锁功能时，其防误操作规则必须经本单位电气运行、安监、生产共同审核，经主管领导批准并备案后方可投入运行。

（10）断路器或隔离开关闭锁回路不能用重动继电器，应直接用断路器或隔离开关的辅助触点；操作断路器或隔离开关时，应以现场状态为准。

（11）对于户外断路器或隔离开关的辅助触点，应做好防潮、防腐蚀措施。

（12）防误装置的电源应与继电保护及控制回路的电源分开。

（13）对已投产尚未装设防误闭锁装置的发、变电设备，要制订切实可行的计划，确保尽快完成全部装设工作。

（14）新建、扩建、更改的电气工程项目，防误闭锁装置应与主设备同时投运。

（15）成套高压开关柜五防功能应齐全，性能应良好，开关柜出线侧应装有带电显示装置。五防闭锁功能不全和带电指示装置故障者不得将高压断路器投入运行。

（16）执行电气操作票过程中，发现因设备异常等原因使操作中断，需要检修人员处理时，运行人员向检修人员详细交待设备异常情况和相关系统运行情况，交检修人员处理。故障处理好后，此项操作票中注明中断原因和处理情况，并盖已执行章保存。此项操作必须重新打票执行。

（17）执行操作票过程中，配电室内检修人员暂时停止工作，并请离开配电室。操作人员操作过程中离开配电室时，必须锁门。待此项操作完成后再恢复检修人员工作。

（18）监护人执行监护任务时，必须与操作人共同核对设备位置后再发出执行操作命令，监护人不得参与操作。

（19）监护人、操作人在执行操作票过程中，禁止接打私人电话，当有班长电话打来时，由监护人接听电话，操作人立即停止操作，禁止操作人在无人监护情况下继续操作。

（20）唱票、复诵时应严肃认真，声音洪亮清晰，不得省略操作项目中的内容。

（21）一张操作票的操作过程中禁止随意更换操作人、监护人，如遇该班操作不完的操作，在操作到一个稳定状态后，向下一班详细交待操作情况，在备注栏内简要注明该班操作的项目和原因。下一班操作人、监护人、值班负责人、值长必须对该票重新进行审核签字，然后继续进行操作。

（22）断路器停、送电操作时判断开关确断的几个特征必须写到操作票内。

1）断路器送电时判断断路器确断的 3 个特征。

a）绿灯亮。

b）机械分合闸指示在分位。

c）用绝缘电阻表或万用表测断路器触点确断。

2）断路器停电时判断断路器确断的 5 个特征。

a）绿灯亮。

b）机械分合闸指示在分位。

c）断路器带电指示器灭。

d）该电动机电流表指示为零。

e）该电动机电能表停转。

3）6kV 小车开关送电操作中，将断路器摇入工作位前必须检查柜内接地开关触点在断开位置。拉、合接地开关时，正常能够感觉到触点分、合时的较大阻力。拉开接地开关操作完成后，必须再次检查接地开关触点确已断开。合上接地开关操作完成后，必须再次检查接地开关触点确已闭合，不能单凭位置指示或已经操作来判断。

（23）6kV及以上电压等级的电气操作必须穿绝缘靴和戴绝缘手套。

2. 安全工具及防护

（1）应配备充足的经过国家或省、部级质检机构检测合格的安全工作器具和安全防护用具，且每年应按照《安规》规定检验周期进行检定。

（2）使用安全工器具时必须检查检验合格证齐全，外观良好。使用绝缘手套还必须检查无漏气，验电器必须检查绝缘部分干燥清洁，蜂鸣器声音响亮。

（3）保存安全工器具必须按照定制摆放，工具柜必须清洁，防止潮湿和被污染影响安全防护性能。

（4）装设接地线前必须检查各接头良好。

（5）规范使用安全工器具。

3. 低压操作

（1）每个巡检必须随身携带验电笔，且保证电笔良好。

（2）单个380VNT系列熔断器插拔必须使用NT熔断器卡子，严禁使用其他工具插拔。

（3）其他GF系列控制熔断器插拔必须使用保险钳。

（4）低压电气操作必须穿绝缘鞋，戴绝缘手套。

（5）380V一个电源带多路设备停电必须逐级进行，严禁直接断开总电源开关。切断负荷电流必须使用空气开关或接触器，严禁用熔断器或隔离开关切断负荷电流。

（6）380V动力熔断器严格按照规程规定配置。操作项目在3条以上的操作，必须填写操作票。

（7）值班员发生低压误操作甚至引发其他事故，机组长负连带责任。

（8）在低压停电操作时，为防止带负荷拉隔离开关事故，必须执行以下规定。

1）如果接触器回路，必须检查接触器触点确已不吸合，并用验电笔验明接触器下口确无电压才能进行停电操作。

2）如果是单一隔离开关回路，则停电前必须用钳形电流表测量电流确为零时才能进行停电操作。

4. 电气操作票执行程序

（1）发布操作任务的命令，确定操作人和监护人。

1）发布操作命令由班长向操作人、监护人下达。

2）发布操作任务命令必须向受令人说明操作任务、目的，并交待安全注意事项。

3）班长向操作人下达操作任务时必须填写停送电通知单，并由班长确定操作人和监护人。

4）监护人必须由熟悉电气设备系统和该项操作的值班员担任，原则上高岗位监护低岗位。

5）监护人对该次操作的安全性、正确性负主要责任。

（2）接受操作任务。

1）值班员接令时向发令人班长复诵操作任务无误。

2）操作人、监护人接令时在停送电通知单上签字确认操作任务。

（3）填写操作票。

1）操作票由操作人填写。正常要求在 BFS＋＋系统中填写，如果 BFS＋＋系统异常或其他原因，可以在操作票本中手写操作票，编号与 BFS＋＋系统中应连续。

2）正常操作不得以任何理由无票操作。

3）重要和复杂的操作如发电机并网、6kV 厂用电切换必须由副控及以上熟练的值班员担任，主控或机组长、值长监护。

4）一份操作票只能填写一个操作任务。

5）填写操作票时必须填写设备的双重编号，即设备名称和设备编号。

6）每一条操作内容只能填写一个操作项目，不得并项。

7）以下项目必须写在操作票中。应拉合的断路器、隔离开关；检查断路器和隔离开关的位置；TV 一次、二次熔断器投退；装设接地线、拆除接地线，拉、合接地开关，并写明编号；检查断路器确断、确合等全部现象；设备送电操作票中必须有检查保护投入的内容；送控制电源、合闸电源后必须检查送电良好。

8）操作票填写内容必须与设备实际情况相符，否则视为错票。

（4）审查核对操作票。操作票由操作人填写，填写完毕审核无误后签字，交监护人审核，监护人审核无误后签字，必须再交班长审核，审核无误后签字。

（5）操作开始的发布与接受。操作票审核无误后，由班长发布开始操作命令，监护人、操作人接令后开始操作。

（6）进行操作，执行监护复诵制度。

1）操作中必须按照操作票所列的操作项目依次进行操作，严禁漏项、跳项、添项和倒项。

2）在进行每项操作前，监护人和操作人共同核对设备名称、编号、状态。经核对无误后操作人站好位置，准备操作。

3）操作第一项时间为操作开始时间，填入开始时间栏内。

4）操作中严格执行监护复诵制，每项操作监护人按照操作顺序内容高声唱票，操作人接令核对设备无误后进行复诵，监护人同时核对无误后发出执行命令，并监视操作人操作是否正确。执行完毕后监护人在执行栏内打"√"。

5）每项操作必须认真检查操作质量，检查良好后，监护人在检查栏内打"√"。

6）操作过程中发生疑问或发现异常时，应立即停止操作，不准擅自更改操作票，向值班负责人汇报，待疑问或异常查清消除后方可继续操作。

（7）执行完毕，汇报执行情况。

1）操作全部结束后，监护人在操作票上填写操作结束时间，并立即向发令人汇报操作执行情况，执行开始、结束时间，执行中存在的问题。

2）该班操作未能完成的操作或接班后需立即进行的操作，可以使用上班填写的操作票，该班对操作票进行复审、操作和监护，两班做好交接，两班人员同时对操作票的正确性负责。

（8）结束操作票。在操作票中最后一条下加盖已执行章，整理后保存待查。

5. 不需要填写操作票的操作

（1）事故处理。事故处理情况下，经值长同意可不填写操作票，但应执行监护制度。操作完毕后要详细作好记录。

（2）拉合断路器的单一操作。

（3）拉开接地开关和拆除全厂仅有的一组接地线。

（4）投入和退出一套保护的一块连接片。

（5）使用隔离开关拉合一组避雷器、电压互感器

（6）直流接地故障选择。

6. 巡视安全防护

（1）雷雨天气巡视电气设备要穿绝缘靴，并且不得靠近避雷器和避雷针，不得接触电气设备外壳。巡视潮湿环境下的电气设备同时执行以上规定。

（2）高压电气设备带电部分不允许暴露在外，发动机和6kV TV 柜门、6kV 开关后柜门、变压器柜门等运行中严禁打开，以防误靠近带电体小于安全距离受到放电伤害。

（3）开关柜后巡视时不要作长时间停留。

（4）断路器指示灯、带电指示器不亮时及时记缺，以免发生误判断。

（5）打开开关柜门时必须确认该柜内是否带电，严禁随意打开。值班员必须熟知各等级电压的安全距离，必须树立与高压带电体保持安全距离的意识。

3.7 输煤雨季保证上煤系统正常运行措施

（1）在雨季期间，燃管部在Ⅰ期、Ⅱ期、Ⅲ期和Ⅳ期各煤场备一垛煤，无特殊情况尽量不进行取用，以便雨天应急。

（2）白天优先取用煤场和汽车沟的煤，保证夜间汽车沟、火车沟满煤，火车沟、汽车沟设备保持良好备用状态，火车确保1列重车24h备用，以便紧急情况调用。

（3）在下雨时，应优先从煤场取煤，煤场原煤太湿导致系统堵煤致使运行煤斗煤位低时再切换为汽车沟或火车沟上煤。同时汇报生产口领导、值班领导、运行一、二部领导、燃管部领导，通知燃管部推土机进行推煤作业，将煤场上层的煤推开，用斗轮机采取分层取煤的措施进行上煤。燃管部安排2台推土机每天24h值班，人员随叫随到。

（4）在雨天上煤，各原煤斗应均高煤位交班，不可太低。

（5）在下雨时，输煤运行人员应及时将室外皮带上的水放掉，斗轮机中心下煤桶、头部落煤的积煤及时清理，防止因堵煤过多造成上煤困难。

（6）在大雨天，斗轮机不能取煤，在汽车沟或火车沟无煤的情况下，值长下令启动上煤紧急预案，进行盘煤作业。盘煤时，应将上层的湿煤推开再进行盘煤。

（7）值长在天气预报有雨时第一时间通报生产口各级领导和燃管部领导，积极协调火车进煤，以便提前做好原煤储配工作。

（8）输煤专业雨季每天安排副队长以上人员搭配一名专工值班，以便应急协调上煤指挥能力。同时做好上煤过程中的安全措施，严格执行升级监护制度，确保人身和设备安全。

（9）燃管部在雨季应尽一切办法提高原煤煤质，减少泥土含量，防止湿煤造成落煤筒堵煤影响上煤。

（10）燃管部在雨季保证 5 辆短倒车辆 24h 能够随时调用。

（11）输煤专业在雨天来临之前提前组织好人员，以便系统堵煤时及时疏通。

（12）输煤专业在雨季加强设备消缺工作，保证做到良好备用。

（13）集控每班试点油枪，发现油枪、点火器缺陷联系相关检修人员及时消除。运行人员加强煤斗煤位低报警监视，煤位异常及时通知值长和输煤班长协调补煤。

（14）煤质差或上煤中断导致煤斗煤位低时集控保持多台磨组运行，防止煤质差造成磨组运行失稳导致锅炉灭火事故发生。

3.8　输煤防止油罐爆燃的技术措施

国家标准 GB 252—2000《轻柴油》已正式发布并于 2002年 1 月 1 日起实施。在该新标准中规定 10 号、5 号、0 号、－10 号和－20 号等 5 个牌号的轻柴油的闪点指标为大于或等于 55℃，与旧标准 GB 252—1994 中轻柴油的闪点指标为大于或等于 65℃相比整整降低了 10℃。根据 GB 50160—1992《石油化工企业设计防火规范》、GBJ 16—1987《建筑设计防火规范》、GBJ 74—1984《石油库设计规范》等规定，轻柴油的火灾危险性已由原来的丙 A 类上升到了乙 B 类。为保证油罐安全储油，防止发生油罐爆燃事故，原运行规程中有关油温控制的规定废止，执行新措施之规定。

（1）一期油罐温度由油库值班员每小时记录一次。油库值班员每小时利用红外线温度计测量罐体温度，比较热电阻温度计之间的差，发现差距大于 10℃，联系相关专业校对温度计。

（2）油罐内油温控制在 30～40℃ 之间。

（3）夏季或油罐投入加热时，应加强对油温的监视控制，利用投入喷淋或减弱、停止加热等手段控制油温在规定的范围内。油罐加热投入过程中应充分疏水，防止出现汽水冲击振动现象。

（4）每星期二上午进行油罐呼吸阀滤网及排气情况的检查。

（5）油罐热电阻温度计在 DCS 中显示，由机组值班员抄表。油库值班员每小时利用红外线温度计测量罐体温度记录在油库值班记录内。每 2h 与集控值班员校对一次。发现差距大于 10℃，联系相关专业校对温度计。

（6）一期油罐油位控制在 1.5～8.5m 之间，三期油罐油位控制在 1.5～6m 之间，防止油位过高膨胀溢流着火，油位过低油泵汽化。

（7）机组在停运时 MFT 动作后，本机油循环中断，应联系邻机开启回油调整门，保证油系统循环正常，防止油泵过热着火。

（8）打开油罐上盖时，严禁使用铁器工具。

（9）严禁将箍有铁丝的胶皮管或铁管接头伸入油罐内。

（10）1 年由电气队测量油罐接地电阻不大于 5Ω，并将测量结果记录在值班员记录内。

3.9　输煤节水、节电措施

1. 节水措施

（1）输煤栈桥的冲地水不能长流水，水门坏应及时处理。

（2）所有水激式除尘器的排污门不能长开，应定时排放。

（3）暖气回水应及时回收，不能向外排放。

（4）暖气回水泵必须投入自动运行，发生故障及时处理。

2. 节电措施

（1）现场禁止开长明灯，栈桥内的照明天亮后关闭，所有汽车沟、火车沟上面的照明、煤场灯塔照明在不用时关闭。

（2）减少皮带机空载运行，保证出力在 85％ 以上，尽量达到 95％，减少启停次数，杜绝发生因煤量大压死皮带，部分皮带空转。

（3）供油泵在保证压力的情况下一台运行，如压力不足应和值长联系调节回油阀开度。

（4）冲地水加压泵必须在冲洗地面时启动，保洁冲洗完后及时停止运行。

（5）所有除尘器必须与皮带机连锁运行。

（6）所有泥浆泵严禁空转，抽完水后及时停止。

（7）对启动锅炉供热循环泵、企业站、卸煤队等非本专业用电，每天前夜及时汇报值长用电量。

（8）发现有自燃的原煤应及时采取措施。

（9）煤场应采取存新取旧的方法进行取煤。

（10）取样机投入运行，发现故障及时处理，为热平衡实验提供数据。

3.10　输煤运行防止皮带划破撕裂的防范措施

（1）加强交接班和巡回检查制度。运行值班员交接班时要对所辖区域的设备进行认真检查，尤其应检查落煤筒、导料槽、皮带机滚筒处、回程皮带等处有无大块或杂物卡堵造成皮带划破或撕裂。应不间断巡视皮带运行工况，室外皮带值班员要以斗轮机中心落煤筒为巡检重点，并要以此为中心辐射两侧进行巡回检查。发现皮带上落有铁块、木块、石头等物应及时停机，并汇报班长，采取安全措施拣出杂物后，方可再次运行。

（2）集控值班员应严密监视各运行设备的电流表指示情况，及时发现皮带机运行异常电流变化情况，发现异常应立即停机，并通知现场值班员作认真检查，检查处理经联系确认完成后，方可再次启动皮带机。

（3）煤源点运行值班人员在启动皮带前，应检查火车沟、汽车沟煤篦子，发现损坏及时登录缺陷或通知检修班组处理，并汇报班长，切换另一侧设备运行。

（4）斗轮司机及值班员在上煤过程中，发现铁块、木块、石头等物应及时停机，采取安全措施拣出杂物后，方可再次运行。如煤场中发现大块杂物运行人员无法处理，应及时通知燃管部有关人员进行处理。

（5）运行人员发现皮带跑偏、打滑或缺失托辊等情况时应及时停机，通知检修处理，防止皮带划破磨损。

（6）运行人员发现皮带接头处起皮或皮带有裂口、皮带边缘有撕起的皮带边条时，应及时停机通知检修处理，防止皮带接头或皮带断裂、划破。

（7）雨雪天气在取用煤场存煤时，必须将斗轮机悬臂皮带和室外皮带上的积水和积雪处理掉方可进行上煤作业，在运行过程中应严密监视设备的运行工况，尤其应注意落煤筒、导料槽、皮带机滚筒处、回程皮带等处是否有大块或冻块卡堵造成皮带划破或撕裂。

（8）对拉紧间的积煤和配重机构进行认真检查，及时清理积煤，发现配重异常应立即记缺，以防止被大块、杂物和配重构件，以及冬季沉积的冻煤卡堵而造成皮带从回程号划破或撕裂。

3.11 输煤专业防风措施

（1）为了保证斗轮机的运行，当风力超过 6 级时，斗轮机应停止运行并降低悬臂皮带，轮斗放在堆料旁；把闸合上，夹轨器夹紧，锚定器定好；所有低压电源停电，切断总电源。

（2）各栈桥、转运站、所属房屋顶部油毡完好。

（3）各栈桥、转运站门窗应关好。

（4）油库区应无杂物，门窗应关好，严密监视附近的火灾隐患。

（5）当风力超过 6 级时，严禁在室外进行高处作业。

（6）现场各配电箱门应关好。

3.12 输煤程控故障非正常运行期间技术措施

在输煤程控未能正常使用期间，各班组必须积极组织运行人员采取措施，保证输煤系统正常上煤，确保锅炉用煤。运行班长应及时做好如下工作：

（1）对检修处理好的设备能程控操作的必须程控进行启停，能投入连锁的必须投入连锁运行。

（2）不能进行程控启停，需要就地操作启停的设备一定要和集控联系，确认好再进行操作。

（3）各皮带值班员必须严密监视皮带机头部落煤筒落煤情况，发现溢煤立即采取措施，7、8 号皮带发生溢煤或其他紧急情况，值班员不能拉停皮带，应立即汇报集控停筛、碎及 6 号以下皮带，以防因 7 号皮带停运造成碎煤机堵煤而损坏碎煤机。集控接到皮带值班员需急停皮带时，应立即停运系统设备，不能程控停的设备及时联系就地值班员手动停设备，防止事故扩大。

（4）上煤时应严格控制煤量，煤量不能超过 200t/h。各班组要保证煤位，交接班要高煤位交班。

（5）各班要联系值长、燃管部，保证汽车沟、火车沟内尽量满沟煤，该班使用汽车沟、火车沟煤后要及时联系往沟内卸煤。交接班值班员必须检查火车沟、汽车沟存煤情况，并汇报值长和车间领导。

（6）当遇到落煤筒堵煤时，班长在做好安全措施后及时清理堵煤，防止因堵煤未及时疏通造成上煤困难。

（7）程控系统不能彻底恢复正常期间，原煤斗煤位稍低时，运行班长应立即组织人员进行上煤。班长安排好值班人员，交代现场存在的问题和注意事项。

（8）加强巡回检查制度，发现缺陷及时联系检修处理，影响上煤的大缺陷要及时通知车间领导。

（9）加强劳动纪律，无故不能请假，确保现场值班人员数量。人员不足时，交班班组必须留下人员进行配合。

（10）当遇到两台斗轮机都故障退备用，汽车沟、火车沟内又无煤使用时，应立即汇报值长和领导，启动紧急上煤预案，联系进行盘煤作业。

3.13 输煤专业防冻措施

（1）各转运站、集控楼门口的防冻门帘应完好无损，各栈桥及转运站的大门应及时关好。

（2）各煤场、油泵房喷淋装置总门及管道阀门必须在关闭位置。

（3）严格检查消防系统的使用情况，保证大雪和低温天气下能够正常使用。

（4）严格检查采暖系统，发现暖气缺陷要及时联系检修人员处理，切实做好生产现场的保暖工作。

（5）各办公室、班组、油泵房、集控楼、变电室、转运站、皮带间、沉煤池的门窗应完好并及时关好，发现如玻璃缺损等缺陷时应及时登记，并通知有关检修人员处理。

（6）所有斗轮机及所属各室外皮带机要做好减速机油位的检查，坚持寒冷天气对斗轮机进行接班时预热检查的制度，必须对行走轨道上及其两侧的积雪进行清理后再进行行走操作，室外皮带有积雪时要采取皮带倒转等措施将雪层清理后，方可正常取煤。

（7）栈桥玻璃按照责任班组负责门窗修复。

（8）大风天气必须对斗轮机的锚定装置进行固定，并作好记录。

（9）加强巡视检查，发现问题及时消除。

（10）为保证设备的正常运行，防止因下雪造成上煤中断或雪块堵塞给煤机入口，造成跳磨煤机事件的发生，制定如下措施。

1）火车来煤后要及时听从值长调度，火车沟内必须存满，不能取空，在紧急情况下备用。

2）在雾天能见度小于 35m 时，严禁使用斗轮机，并应将轮斗放在煤场，用夹轨器夹住，断开低压电源。

3）汽车来煤后，每天白天从汽车沟取煤，晚上必须存满，夜间备用。

4）在下雪时，联系值长确定上煤方式后不可随意变更，在汽车沟或火车沟无煤的情况下，汇报车间领导、值长，通知燃管部推土机进行混煤作业，将煤场上层的积雪推开，从斗轮机上煤采取分层取煤的措施进行上煤。

5）在雪天上煤，各原煤斗应均匀上煤，保证煤位正常。

6）在大风大雪天气，斗轮机不能取煤，在汽车沟或火车沟无煤的情况下，汇报车间领导、部领导，启动上煤紧急预案，进行盘煤作业。

7）检修人员严格执行《安规》所要求的各项内容，坚决杜绝无票工作，严格执行"三票三制"并与运行人员密切联系，及时将缺陷消除，确保设备正常运行。

8）检修人员做好自身室外工作的防冻工作，坚决杜绝冻伤事故的发生。

9）检修人员要加强对所属维护设备的检查和维护工作，切实做到防患于未然。

10）专业自备车辆严格执行派出制度，如有派出必须检查车辆的备用情况，并注意行车安全。

3.14　防汛措施

1. 汽车沟、火车沟及地下通廊防雨措施

（1）运行值班员应在该班内定时巡回检查沟内积水情况，及时抽水，确保积水坑内水位正常。

（2）经常监视煤浆泵的运行状况，同时检查水冲洗系统以及消防系统有无跑、冒、滴、漏现象，有缺陷及时上报检修人员处理。

（3）检修库内长期备用两台潜水泵，确保地沟内煤浆泵故障时有必要的应急措施。

（4）雨季到来时，经常检查地下通廊顶部有无渗水或漏水现象，特别是电缆沟入口处，发现隐患及时通知有关部门处理，避免事故扩大。

2. 转运站 MCC 室防雨措施

（1）冲洗地面前关严 MCC 室门窗，防止 MCC 室内进水。

（2）雨天定时巡视电缆沟入口处有无渗水现象，发现隐患及时通知有关部门处理。

（3）在综合楼库房内长期备有塑料布、扫水工具等物品，以备屋顶漏水时使用，避免配电柜顶进水造成事故。

3. 电缆沟防雨措施

（1）每班交接班前对电缆沟内进行详细检查，发现积水及时启动排污泵排水，雨天增加检查次数，确保沟内无积水。

（2）检查电缆沟两侧有无坍塌现象，发现后及时通知有关部门处理。

（3）对转运站内电缆竖井的防水密封进行检查，有缺陷及时处理，防止电缆沟内进水。

4. 现场电气设备、控制箱、接线箱防雨措施

（1）现场控制箱、接线箱（盒）、传感器密封应良好，清扫卫生时严禁对其直接冲洗，防止电气设备接地短路。

（2）现场设备的就地控制柜门操作后必须关严，避免进水。

（3）对于潮湿环境中的配电柜应定期进行人工干燥措施，防止电气元件绝缘降低。

（4）对现场的电缆套管进行密封检查，密封不好的通知检修及时处理。

3.15 输煤专业防暑过夏措施

为进一步贯彻"安全第一，预防为主，综合治理"的方针，加强管理，确保设备安全稳定运行，特制订防暑过夏安全措施。

（1）燃油泵房定期巡回检查，发现油罐温度超过 40℃ 时应投入喷淋，以降低油罐温度。

（2）燃油泵房配备潜水泵，以防下雨污油泵坏，不能把污油池的水及时排出。

（3）皮带停运后皮带上无积煤，拉紧间内积煤应及时清理，对除尘器要定期进行检查和清理。

（4）电缆桥架上无积粉，各防火隔断定期清扫，电缆桥

架每周至少清扫 2 次，星期一由车间领导检查。

（5）煤场斗轮机两侧无积粉，防止斗轮机电缆损坏及斗轮机的安全运行。

（6）地沟栈桥配备潜水泵，防止因污水泵故障下雨淹没汽车沟、火车沟。

（7）各配电室、MCC 室每天清扫，配电柜内、外和顶部及室内电缆桥架应无煤粉沉积，并要作好定期巡回检查记录。

（8）电缆沟每天下午巡回检查并作好记录，应无积水。

（9）汽车沟、火车沟的煤采取存新取旧，防止自燃。

（10）每天清理所有皮带底下的积煤，防止积煤自燃。

（11）每个班对皮带落煤筒、导料槽、碎煤机、斗轮机、滚轴筛进行检查，发现隐患及时排除，杜绝积煤的存在。

（12）建立健全输煤专业防汛组织机构。

（13）配备输煤专业防汛物资，包括潜水泵 4 台、编织袋 200 个、铁锹 100 把、雨裤 3 件、对讲机 4 部、塑料布 2 卷、应急灯 4 个。

3.16 防止斗轮机设备损坏的安全措施

为贯彻安全生产的有关规定，确保安全上煤，根据现场实际情况，特制定以下措施。

（1）各斗轮司机在作业时严格按运行规程操作。

（2）各班组每天接班时要查看斗轮机有无检修工作，如没有检修工作要试转斗轮机，包括轮斗、悬臂皮带、大车行走、回转、俯仰，检查各限位开关及行走止挡器是否完好。

（3）斗轮司机接班时要检查斗轮机的卫生情况，运行中轮斗处不准有大煤块卡轮斗，悬臂皮带机尾部不准有煤顶住回程皮带的现象。

（4）斗轮机在运行前要检查行走轨道上有无煤及杂物，

若有应及时清理。

（5）斗轮司机要经常检查斗轮机各减速机有无漏油现象，发现缺油要及时补油。

（6）运行中要检查斗轮机电缆卷放情况，地面值班员不准靠近动力电缆。

（7）运行中若发现煤场有较多大块煤或冻块，斗轮取煤较吃力，应停止取煤，汇报车间，联系煤场处理后再取。

（8）斗轮司机在清理斗轮上的卫生时，要将悬臂转到煤场，防止扔下的大块煤伤人或砸到电缆上。

（9）斗轮司机作业时必须穿绝缘鞋。

（10）斗轮机停用后，悬臂要摆正，电缆要卷起，大车停在中间位置。

（11）斗轮机设备在没有全部停下前，司机不准离开驾驶室。

（12）各班组加强对斗轮司机的安全、技能的培训，提高斗轮司机操作技能和故障应急处理能力，防止事故的扩大。

（13）斗轮司机不准操作动力电源开关，动力电源开关只能由电工操作。

（14）斗轮司机每天要检查轮斗减速机及各连接部件螺栓有无松动现象，轮斗、轮斗落煤筒、弧形挡煤板固定处有无开焊现象。

（15）运行人员在从煤场取煤时，一定要事先检查煤场高度，若煤垛太高，必须联系值长请燃管部用推煤机将高煤层推到斗轮取煤的适合高度后方可取煤，否则联系值长更换取煤点。

3.17 输煤专业安全保电措施

为了贯彻安全生产的有关规定，确保节日期间安全上煤，根据现场实际情况，特制订本措施。

（1）检修人员作好值班记录，不发生脱岗、串岗现象；运行人员认真执行交接班制度，不发生迟到、早退、脱岗、串岗现象。

（2）节日期间严禁连班、顶班，特殊情况由专业领导批准。

（3）严禁酒后上班，接班者如酒后上班，班长责令其回去并按旷工处理，并向值班领导汇报，否则造成的后果除追究当事人责任外，还应对相关人员进行严肃处理。

（4）严格执行"三票三制"制度，坚决杜绝无票工作、误操作事件的发生。

（5）加强巡回检查制度，发现缺陷及时联系检修处理，加强煤场、栈桥、配电室、电缆桥架、斗轮机、汽车沟、火车沟的巡回检查，防止原煤自燃。

（6）各班组在节日期间对设备进行一次全面检查，发现影响系统运行的设备缺陷和隐患及时消除。

（7）检修班做好备品、备件的储备工作。

（8）做好燃油泵房、输煤栈桥的防火工作。

（9）配合燃管部做好汽车、火车来煤的接卸工作，火车接卸听从值长调运和上煤方式的命令。

（10）做好节日期间的防暑过夏、防冻、防火、防盗工作。

第4章 输煤系统典型人身伤亡事故案例及分析

4.1 某电厂燃料分场人身死亡事故

1. 事故经过

1993年2月4日22时40分，某电厂碎煤机堵煤，运行班长带人去处理。22时50分，8号皮带值班工经过7号皮带处发现该皮带值班工刘某被挤死在7号皮带机机头处的皮带与挡板之间。

2. 事故原因

（1）从事故情况分析，事故是7号皮带值班员违章跨越运行中的皮带所致。

（2）该电厂临时工流动性大，安全意识差，缺乏遵章守纪的自觉性，在无人监护的情况下时有违章操作。

（3）7号皮带驱动滚筒处有2m无防护栏，驱动滚筒顶端防护罩松动无螺栓，是事故发生的客观原因。

3. 防范措施

（1）加强安全管理工作，作好现场监督检查。

（2）加强安全教育和安全技术培训，对燃料分场的所有人员进行《安规》及运行规程讲课并考试合格后方可上岗。新入厂的临时工必须经过三级安全教育和操作规程的培训，经考试合格后方可上岗。

（3）对输煤皮带通廊补足照明，在所有输煤皮带两侧增设护栏。

（4）各段输煤皮带应安装跨越皮带通行桥，并设有严禁跨越皮带的标示牌。

（5）各段皮带全部安装刮煤器，改变人工清理状况。机头、机尾装设电话机，皮带启停装有警铃和联系信号装置。

（6）严格执行两票制度，皮带运行中严禁伸进皮带里加油或做调偏工作，处理应急缺陷必须做好安全措施，并有专人监护。

4.2　某发电厂高处坠落人身死亡事故

1. 事故经过

1999 年 1 月 17 日 8 时 30 分，某发电厂 A 厂燃料车间安排运行一班人员清理 7 号皮带拉紧间（标高 27m）积煤，同时疏通堵塞的下煤筒。因一班班长请假，临时让于某带队，并强调注意现场安全。约 9 时，于某带领 7 人开始作业。其中，2 人负责砸落煤筒（杨某、于某），岳某等 5 人负责清理积煤。于某与杨某用铁锤砸落煤筒，其他人员后退让出空间，岳某和陈某往南侧（起吊孔侧）后退。砸约 4～5 下后，突然发现有人从起吊孔跌落，下去搜寻后发现岳某（男，35 岁，输煤运行农民协议工）跌落至 8 号皮带地面（标高约 2m，落差约 25m，此时约为当日 9 时 40 分），伤势严重，紧急送医院经抢救无效死亡。

2. 事故原因

7 号皮带拉紧间起吊孔围栏严重变形，北侧护栏失去作用，岳某向后退时，从起吊孔北侧跌落。

3. 暴露问题

（1）15 日抢修 7 号皮带工作中，起吊皮带时将竖井围栏撞坏，没有及时恢复。

35

（2）撞坏围栏后，现场采取了临时措施，但尼龙绳一侧系在被破坏的围栏上，使临时措施没有起到防护作用。

（3）运行人员在现场清理积煤时，没有交待安全注意事项，对临时使用的尼龙绳起不到防护作用没能及时发现，也没有另设安全措施。

（4）工作人员安全意识不强，对现场的危险隐患重视不够。

4. 防范措施

（1）现场工作必须严格执行相关安全规定。

（2）各单位应认真检查现场的栏杆、孔洞盖板，尤其要对输煤车间生产现场进行重点检查，把所有劳动作业环境中的安全隐患全部消除。

（3）现场的安全设施在检修中需拆除的必须做好可靠的临时措施，检修工作结束后，一定要将现场安全设施及时恢复。

4.3 某电厂人身死亡事故

1. 事故经过

1999 年 12 月 26 日凌晨 0 点 10 分左右，某电厂输煤车间 1 号桥吊因司机误操作，造成抓斗钢丝绳断裂。副班长何某组织换钢丝绳作业时，在不具备作业条件，没有任何安全措施，没有确认是否停电、电气开关操作室隔离开关是否拉开的情况下，通知电气送电并同时开始工作。由于桥吊司机在离开操作室时没有断开操作开关，手柄在下降位置，送电后，启动下降滚筒，导致司机张某、皮带值班员杨某被挤入滚筒致死。该事故造成 2 名职工死亡，也中断了该厂无人身死亡事故记录，给职工生命财产造成无法弥补的损失，也给公司造成恶劣的影响。

2. 暴露问题

这起事故反映出的问题有一定的普遍性：一是习惯性违章而且是集体违章严重；二是安全管理问题较严重，安全管理基础薄弱，职工安全意识淡薄，侥幸心理严重，习惯性违章得不到控制；三是安全管理工作不扎实，薄弱环节较多，如安全保护装置不齐全，工作环境恶劣。

3. 防范措施

（1）开展"反事故活动周"，对安全措施、安全管理、安全意识进行一次彻底检查，尤其是对班组要逐项、逐人落实安全措施，牢固树立"安全第一"的思想。落实安全生产责任制和各项规章制度。

（2）对照事故暴露出的问题，举一反三，制订切实可行的措施，消除薄弱环节和各类隐患，把安全落到实处。

（3）加强设备的日常维护和检修管理。对危及安全生产的缺陷隐患和薄弱环节应立即整改。

（4）对照事故，重新对保电安全措施进行彻底检查，做到组织管理严密，措施具体落实，责任制落实。

4.4　某电厂人身触电死亡事故

1. 事故经过

1995 年 10 月 17 日 15 时，某电厂燃料车间推土机班班长指派推土机司机齐某（男，35 岁，1994 年入厂的临时工）用水泵抽车库前雨水井的污水。齐某将潜水泵自带的一条约 3m 长的电缆与另一条电缆接好后接至隔离开关，送电后电动机反转。此时孙某（男，45 岁，推土机司机，正式工）来到现场，齐某回到室内隔离开关处重新接线，接好后合闸送电。这时外面有人喊叫"电倒人了"，齐某立即拉开隔离开关。孙某触电后倒在两电缆接头处，现场人员没有立即进行心肺复苏急救，忙于找医生找车，最终孙某送医院抢救无效死亡。

2. 事故原因

就在齐某返回开关处重新接线时，孙某没有同齐某打招呼，自己将两条电缆接头拆开，触电死亡。

3. 暴露问题

（1）工作人员安全意识不强，没有充分认识到低压触电的危险性。

（2）自我安全防护意识淡薄，没有穿绝缘鞋。

（3）非专业电工操作，为事故发生埋下隐患。

4. 防范措施

（1）加强对员工的安全技能培训，进一步提高安全意识及工作技能。

（2）加强劳动保护用品使用的监督检查，进入现场作业必须按《安规》要求着装。

（3）加强"三票三制"管理。

（4）强化各项安全规章制度的执行落实，确保在生产中不走过场、不流于形式，杜绝人身伤亡事故等不安全事件的发生。

4.5 某电力能源公司人身死亡事故

1. 事故经过

1996 年 5 月 3 日，某电力能源公司推土机司机杨某（系公司临时工，无证驾驶）开 7 号推土机在南道由东向西拉煤车，拉到煤堆上时，杨某打开煤车北侧马槽，卸煤队李某等 4

人拉开南侧马槽，因停车地点不允许卸煤，汽车需继续向前走，这时卸煤工李某站在汽车北侧中间部位。推土机摘掉钢丝绳后，准备倒车到该煤车北侧拉另一辆车，由西向东倒行，推土机司机杨某向左右侧观察无人后开始倒车，此时卸煤工李某正站在推土机左后侧，面南背北，低头看汽车启动，旁边两人朝李某喊叫，但李某毫无反应，被推土机从其右侧压过。李某于当日 16 时 30 分被送往医院，经抢救无效于 16 时 50 分死亡。

2. 事故原因

（1）推土机司机违章驾驶机动车。非司机严禁驾驶机动车，在厂区内行驶的各类机动车驾驶员也必须经过培训，经考试合格后，发驾驶许可证，方可驾驶。推土机司机无证驾驶是造成事故的主要原因。

（2）对临时工的管理仍然存在漏洞。通过近几年的严格管理和考核，临时工的伤亡事故已经大幅度减少，但仍有个别单位存在着"以包代管"的现象，对临时工没有认真进行安全培训和教育。卸煤工的自我保护意识不强，也是造成死亡事故的原因之一。

（3）该公司的安全管理不到位，安全生产责任制和各项安全生产规章制度没有落在实处。

3. 防范措施

（1）认真贯彻落实《电力生产安全工作规定》、《电力安全监察规定》、《电业安全工作规程》（热力和机械部分），完善安全监察和安全保障体系，把安全管理和安全措施切实落到班组和现场。

（2）认真抓好生产，加强对作业现场的安全管理，加强对职工的安全教育和培训，提高职工的自我保护能力。

（3）严格执行安全生产各项规章制度，认真落实防止触电、高空坠落、机械伤害、车辆伤害等措施，并严格考核。

（4）严格厂内机动车辆驾驶员的培训和考核工作，驾驶员必须经理论和实际操作的培训，考试合格持证上岗，严禁无证驾驶。

4.6 某发电厂民工重大死亡事故

1. 事故经过

1996 年 5 月 28 日 10 时 02 分，某发电厂燃料车间在清理输煤刮板机堵煤过程中，发生一起重大机械伤害人身事故，当场死亡 3 人，1 人在送医院途中死亡。

同日 6 时 10 分，因堵煤，当值甲班组织民工 8 人分两组清理甲路 12、13 号刮煤机内积煤，上午 8 时，此工作交班后转到乙班。到 9 时 30 分清理基本完成时，带班民工要求试车刮一下，于是在监护人安排下全部作业人员撤离刮板机下到 12 号甲刮煤机尾部休息，由负责监护的值班工到值班室联系燃料控制室开车。开车后前面 14 号甲刮板机因电气原因无法启动，燃料集控室通知清煤值班室处理电气故障。负责监护的值班工接电话后出来告诉 8 人"原地不动，现正处理电气故障"，又回到值班室等电话。故障处理后，约 10 时 02 分，集控室问"是否开车"，负责监护值班工在未到现场核实 8 人是否在原地情况下，回答"可以开车"。实际上在得知处理电气故障要等一段时间后，8 人中分工清理 13 号甲刮板机的 4 人，未告知监护人，擅自又回到 13 甲刮板机内清煤，以致发生了严重事故。

2. 防范措施

各单位要加强电力生产、建设中使用民工的安全管理工作，要把民工当正式职工一样对待、培训、严格要求、管理，使其了解在电力生产中必须执行严格的工作票（或联系票）等各项规章制度。所有电厂都应引以为戒，完善转动机械、输煤机械设备检修清扫停、送电联系制度，坚决杜绝同类事故的发生。

4.7　某电厂违章从高处抛扔物件造成死亡事故

1. 事故经过

1992 年 3 月 5 日，某电厂燃料科皮带检修三班工作负责人为将抢修 8 号皮带更换下来的旧皮带运往班里，考虑工作人员过于劳累，便与班长商议决定将旧皮带先由 42m 抛至 32m 锅炉封闭层上，然后由 32m 抛至 0m。班长安排 2 名工作人员到 0m 看护，并将皮带运回班里。安排完后，2 名工作人员中的 1 人直接下到 5 号炉 0m 后，发现 5 号炉 0m 北边小门没有防止人员通过的措施，就到离小门约 18m 处进行看护和联系工作。此时另一工作人员也赶到 5 号炉 0m 处，观察无人后，打手势让 32m 处工作人员下抛皮带。在抛第 2 捆皮带时，突然发现北边小门处从锅炉分场走出 2 名工作人员，结果在该日 16 时 20 分，下落的皮带砸中由锅炉分场走出的一名工作人员（皮带重 72.5kg），虽将其立即送往医院，但仍抢救无效死亡。

2. 事故原因

这是一起严重违反工作规程的责任事故，是由于工作负责人和班长没有履行其应负的职责，错误地决定将旧皮带从高处往下抛，班长违章指挥，0m 层看护人员采取防护措施不力造成的。

3. 防范措施

（1）认真学习《安规》，提高执行《安规》的严肃性和自觉性。认真排查以往的违章现象，查现象，查根源，定措施，举一反三，杜绝违章作业、违章指挥。

（2）及时消除设备的缺陷，为职工创造良好的工作条件。对工作难度大、危险性高的工作，领导应亲自抓安全、定措施，确保人身设备安全。

（3）严格管理现场录用的临时工，工作前必须进行安全教育，交待安全事项，并有正式职工做监护工作。

4.8 某发电厂卸煤机操作室外死亡事故

1. 事故经过

1990年10月17日2时左右，某发电厂燃料分场运行四班的螺旋卸煤机司机随厂劳动服务公司卸煤队去第二线卸新到位的6车煤。当卸到第4车中部时（卸煤机仍在运行中），该司机将头探出操作室观望，此时正巧遇到卸煤机与卸煤间水泥柱的牛腿相错，挤住其头部，当即死亡。

2. 事故原因

造成该事故的主要原因是卸煤机司机严重违章作业，在卸车工作时，将头部伸出操作室外所致。

3. 防范措施

（1）认真贯彻执行《安规》和《输煤系统运行规程》。

（2）对所有旧式螺旋卸煤机操作室门进行改进，加装闭锁装置，门框上靠墙侧加装护板。

（3）改善现场环境和作业条件，增加卸煤间的亮度，增加照明设施。

（4）卸煤间加装上、下卸煤机操作室用固定梯子。

4.9 某电厂违反规程造成死亡事故

1. 事故经过

某电厂新龙门抓由某省火电公司负责安装，从1993年6

月开始进行试运，因缺陷很多一直没有正式移交该电厂。同年 10 月 4 日，电厂因老龙门抓小皮带有缺陷停止运行，在新厂 6 号炉无法上煤的情况下，经电厂领导研究，并征得省火电公司同意，决定以新龙门抓边试运边上煤。

同日 9 时 30 分，电厂燃料分场三班接班后，该班龙门抓司机接班长命令，带领 3 名工人上新龙门抓边熟悉设备边工作。工作 40min 后发现小皮带卡子损坏，班长叫新龙门抓上的司机和工人下来，但司机只让工人下去，自己却留在操作室。当工人再上操作室叫司机下去时，司机却留下工人先手把手教他操作，然后就站在工人身后看其操作。由于工人专心操作，不知司机何时离开操作室。11 时 20 分班长命令工人停车，12 时 20 分上老龙门抓抓煤。15 时 30 分，班长叫该工人去新龙门抓配合抓煤时，发现司机横卧在小车轨道北侧平台上，已死亡（经取证、分析，鉴定为头部或身体伸出机械室门外，与平台上的铜梁相碰，受挤压致胸腰脊骨广泛性骨折，内脏破裂死亡）。

2. 事故原因

（1）身为龙门抓司机，不听从班长指挥，违反规程规定"龙门抓在工作时禁止任何人到小车上"，不告知操作者去向，私自上小车机械室，属违章行为。

（2）随司机上新龙门抓操作的工人在班长已下令停止上煤作业后，仍在司机的授意下操作设备，且未注意到司机的去向，在操作中将司机挤压在小车机械室与钢梁之间。

（3）班长、运行主任虽已下令停止作业，让司机下来，但未采取其他强制措施令其下来。且到发现死者，其间超过 5h，未询问其下落，属失职行为。

3. 防范措施

（1）停止使用新龙门抓，待完善安全设施，处理缺陷正式移交后再行使用。

（2）对职工进行安全教育，加强各项安全管理，防止发生类似事故。

4.10 某发电厂违反值班纪律造成死亡事故

1. 事故经过

1989 年 10 月 6 日，某发电厂运行五值 1 时接班，开完班前会后，各值班员分别上岗检查设备，吴某（男，19 岁）在 1 号皮带上部。同日 1 时 15 分前吴某等先后向班长汇报设备正常，1 时 15 分，1～4 号乙皮带转动，吴某在卸煤工休息室未上岗。2 时许，吴某去 5 号皮带下部，曾遇见在 5 号清扫的孟某和芦某。4 时，现场要求启动备用的 5 号皮带，班长下去检查 5 号皮带。此时 4 号皮带来铃要煤，输煤集控值班员顾某按启动程序，先发警报 1min 后，转动 5 号皮带。在楼梯处昏睡的孟、芦 2 人被皮带声惊醒，同时听到惨叫。于是孟某按事故按钮，并叫芦某查看情况，发现吴某整个身躯被拖入 2 号皮带导煤槽处。芦某和班长几人共同把吴某拉出，立即送医院抢救，但经急救医生检查认定吴某已经死亡。

2. 事故原因

吴某 10 月 6 日上后夜班，接班前和接班后没有充分休息，2 时后便去 5 号皮带下部睡觉，严重违反值班劳动纪律。根据死亡现场判断，吴某躺在皮带上睡觉，皮带转动后被拖走，在 2 号导煤槽处挤伤致死，造成此次事故。吴某严重违反《安规》（热力和机械部分）规定"无论在运行中或停止运行中，禁止在皮带上或其他设备上站立、越过、爬过及传递各种用具"的规定。

3. 暴露问题

（1）班前会没有对每个值班人员的精神状态进行检查和

询问，以致休息不好的值班人员在值班期间躺在皮带上睡觉。

（2）值班劳动纪律不严，班长没有及时检查值班纪律情况。

（3）启动皮带的警铃声小，设备启动前未作全面检查。

4. 防范措施

（1）针对该次事故组织输煤值班人员认真学习《安规》（热力和机械部分）的有关条款，严格执行《安规》有关规定。

（2）经常检查值班人员在班期间的精神状态和劳动纪律，发现精神不振或违反值班纪律者停止工作。

（3）更换响声更大的警铃或调整警铃响度。

（4）启动设备前应进行全面检查后再启动设备。

4.11　某电厂违章作业造成的死亡事故

1. 事故经过

1994 年 7 月 12 日 13 时，某电厂燃运分场运行一班工作人员准备降斗轮机尾车，通过斗轮机经 10 号皮带上煤。斗轮机司机即到 10 号皮带操作室对值班员说"要降尾车，不要启动 10 号皮带"，然后退回斗轮机和另一名职工降尾车。当尾车降至约 1/3 处时，液压系统出现故障，虽经处理但未能排除，司机去找班长，途中见到 10 号皮带值班员时又交待不要启动 10 号皮带，然后向正副班长汇报了斗轮机故障情况。班长一边派人再去告知 10 号皮带值班员不要启动，一边与副班长、斗轮机司机到斗轮机处排除故障，由副班长站在尾车油缸架上看行程开关，司机站在尾车滑线防雨篷上，班长则左脚踩在皮带架上、右脚踩在皮带上处理回油管接头缺陷。此时 10 号皮带值班员正在打扫卫生，听到 2 号皮带停止运行，于 13 时 35 分启动了 10 号皮带，致使正在处理尾车回油管缺陷的班长被皮带带动摔倒在皮带，行至滚筒处掉在皮带非工作面，继续随皮带行走，并被下皮带托辊架挤碰，造成颅骨、胸骨等几处骨折，送医院抢救无效死亡。

2. 事故原因

（1）身为运行班长，严重违反《安规》（热力和机械部分）关于皮带、输煤设备检修的有关规定，处理缺陷不做任何安全措施，且站在皮带上严重违章作业，是这次事故的主要原因。

（2）10 号皮带值班员违反了厂里制定的燃运运行规程关于皮带启动前必须检查的规定，擅自操作，是造成该次事故的直接原因。

（3）该次人身死亡事故是一次集体违章，是由一系列违章造成的，参与工作的人员对班长的违章行为不制止，反而参与违章作业，这种对违章习以为常的情况是导致事故的潜在原因。

3. 防范措施

必须加强安全教育，加大反违章力度，使全体职工真正认识到违章的严重性，层层落实安全生产责任制。

4.12 某发电厂违章卸煤造成车翻人亡事故

1. 事故经过

1993 年 1 月 18 日 19 时 40 分，某电厂临时驾驶员驾驶卡车（带挂车）在煤场煤堆上卸煤，当 4 名卸煤工将煤卸至一半时，为方便卸车及卸完煤后卡车好起步，按常规驾驶员要将车向前移动 2～3 米。在车向前移动时卸煤工未下车，加之天已黄昏照明不够，司机未看见白天取煤造成道路右侧 3m 高的直坡，致使卡车在移动时，煤堆突然坍塌，卡车向右侧 3m 多深的煤场翻下。驾驶员事后被人救出，3 名卸煤工跳出脱险，另 1 名卸煤工因未及时跳车而被煤埋没，将其挖出送医院抢救无效死亡。

2. 事故原因

（1）煤场管理人员对安全的重要性认识不足，劳动纪律松懈，事故发生时，当班的两名调车员均不在场，导致无人调车。

（2）卸煤工违反《安规》，车行时人未下车。

（3）白天取煤时没有立即将卸煤道路疏通，留下事故隐患。

3. 防范措施

（1）认真总结教训，狠抓安全管理工作。

（2）建立安全组织机构，对设有安全职责的部门要制定出切实可行的安全职责管理条例。

（3）要将卸煤民工编入卸煤班组，上岗前严格进行安全知识教育，考试合格后方可上岗。

（4）综合开发总公司设专职安全员，各分公司、分场设专（兼）职安全员，定期组织学习《安规》，提高职工的安全责任感。

4.13　某电厂煤场无指挥造成伤亡事故

1. 事故经过

1994 年 5 月 24 日 18 时左右。外单位拉煤车司机驾驶一辆卡车进入电厂，经调车员同意到煤场，在指定位置停车后，两名卸煤民工前来卸煤。两人先卸完一半煤后稍作休息，又去右边卸煤，当一名民工搬车厢前方右锁钩时，司机在未通知卸煤工、未鸣号、未作检查的情况下误以为煤已卸完，突然起步行驶，以致右锁钩全部脱开，右车厢扳下落打在民工头部，并将其卷入车下，当场死亡。

2. 事故原因

（1）煤场管理混乱，煤车开动无指挥、无检查是造成这次事故的直接原因。

（2）对外来工及临时工的管理不善，外来工、临时工的安全意识淡薄是造成该次事故的主要原因。

3. 防范措施

（1）卸煤工作要有专人负责统一指挥，手持指挥旗，使用明确的指挥信号。一切车辆的行走路线、停放位置、上人时间、开动时间及卸煤的行动，都应由指挥人员发令指挥。指挥人员要对煤场作业人员负责，因故暂时离开岗位时应有人代替。

（2）汽车在煤场行走时，不论是实车或空车，车上都不准拉载卸煤工；对拉煤的汽车司机及卸煤工要做好安全教育，制定安全作业守则，严防类似事故的发生。

4.14 某发电厂触电人身死亡事故

1. 事故经过

2006 年 8 月 15 日下午，某发电厂电检班严某带领电检班检修工陈某到 4 号煤场检查 4 号灯塔照明。严某令陈某合 4 号灯塔照明电源开关，查看灯塔 11 盏灯全部不亮。严某又令陈某断开灯塔照明电源，将临时试验灯具逐个接入整流器回路，检查整流器是否完好。接至第三个整流器回路，双方确认线接好后，严某令陈某送电，陈某合开关送电后，严某突然倒在煤堆上（经事后回忆，时间大约是 15 时 45 分），陈某发现有一根导线粘在严某手上。随即陈某揪开严某手上的导线，查看严某已脱离电源后呼叫其他人员帮助急救并由急救车将严某送往医院进行抢救。同日 16 时 47 分，严某经抢救无效死亡。

2. 事故原因

经调查，发现正在试验的整流器地线端子松动，初步分析原因为：在陈某合开关后，严某发现灯具不亮，擅自从端子排解开地线检查接线情况时（试验灯具相线未解开，地线带电），不慎触电，身亡。

3. 暴露问题

（1）工作人员安全意识不强，没有充分认识到低压照明回路触电的危险性。

（2）自我安全防护意识淡薄，没有穿绝缘鞋。

（3）作为输煤电检班班长的严某应承担该次工作的监护责任，但在实际工作中，却未按职责进行分工，为事故发生埋下隐患。

4. 防范措施

（1）加强对员工的安全技能培训，进一步提高安全意识及工作技能。

（2）加强劳动保护用品使用的监督检查，进入现场作业必须按《安规》要求着装。

（3）加强"三票三制"管理。

（4）强化各项安全规章制度的执行落实，确保在生产中不走过场、不流于形式，杜绝人身伤亡事故等不安全事件的发生。

4.15　某发电厂人身死亡事故

1. 事故经过

2007 年 5 月 9 日 19 时 35 分，输煤三班做接班前检查工作，查输煤系统各设备均未见异常。20 时 00 分各岗位人员正常接班。20 时 20 分启动 2 号输煤皮带运行，随后斗轮机启动开始上煤。

21 时 05 分输煤班长于某例行巡视检查，走到斗轮机悬臂通道西侧，此时斗轮机突然发生剧烈振动，斗轮机司机立即停止斗轮机运行，检查发现悬臂至配重的钢丝绳断裂，钢丝绳连接的拉筋坠落在于某身上。司机及 2 号皮带值班员等人将拉筋板抬起将于某挪出，于 21 时 20 分送到医院抢救，21 时 45 分于某经抢救无效死亡。

2. 事故原因

这是一起由于斗轮机配重钢丝绳突然断裂造成的设备责任事故。该斗轮机配重钢丝绳在更换时发生选型错误，原设计直径为 23.5mm，更换时却选用了 22mm，降低了钢丝绳的承载能力。钢丝绳在使用过程中与支撑滑轮产生黏性磨损，直径由 22mm 降为 21.8mm，强度和弹性下降，致使正在运行的斗轮机西侧配重绳突然断裂。

3. 暴露问题

（1）该厂在设备管理维护中存在漏洞，安全管理存在薄弱环节。

（2）检修班组对事故负有一定责任，日常维护工作不到位。

4. 防范措施

（1）各单位认真贯彻落实《关于下发进一步做好 2007 年人身安全工作重点要求的通知》（北联电安生〔2007〕1 号）和公司一季度安委会会议纪要精神，防止人身伤害事故是安全生产工作的重中之重。

（2）各单位立即对输煤系统进行安全大检查，重点对斗轮机、桥抓、翻车机及卸煤设备进行安全检查，对锈蚀及断股钢丝绳进行鉴定，不合格的立即更换。

（3）加强斗轮机日常维护工作，对斗轮机的整体钢结构及焊口进行全面检查，发现钢结构件及焊口有裂纹或开焊时，制定修复方案，进行修理。

4. 16　某热电公司人身死亡事故

1. 事故经过

2007 年 1 月 23 日 7 时 45 分，某热电公司燃料管理部职工王某（男，52 岁），到车库将 2 号推煤机开出，准备到煤垛上对汽车煤进行整形工作。7 时 55 分左右，在推煤机即将行驶到煤垛顶部时，道路右侧（斗轮机侧）煤垛坍塌，致使推煤机倾斜翻入煤堆下，落差约 6m，推煤机翻倒后被坍塌下来的煤埋在下面。卸煤人员发现情况立即组织人员进行抢救，但王某由于严重外伤和窒息，经医院抢救无效死亡。

2. 暴露问题

虽然事故经过比较简单，但暴露出该公司安全生产管理许多深层次的问题。

（1）公司领导班子没有牢固树立"安全第一"的思想，在组织、布置工作时，没有同时组织、布置安全工作。2006 年底该公司进行了全员竞争上岗，但对"三定"过程中人员思想波动、管理和工作岗位有序过渡等可能对安全生产带来的负面影响认识不足，在工作安排上没有统筹兼顾，缺乏确保安全生产有序进行的对策措施。

（2）管理松懈。死者王某系 2006 年 12 月 24 日从计量班轨道衡值班员竞聘煤场管理及推煤机司机。在未经新岗位安全教育培训、考试，在尚未取得特种作业操作合格证的情况下，能够从车库中将车开出，并单独驾驶作业，这是一起严重违反劳动纪律的行为，表明该厂管理松懈，规章制度对员工缺乏约束力，员工遵章守纪意识淡薄。

（3）生产组织工作不细、不实。由于斗轮机的取煤方式存在问题，至 23 日早晨，汽车煤垛斗轮机侧已经形成了 10m 高、几十米长、近 90°的边坡，严重违反《安规》关于"避免形成陡坡，以防坍塌伤人"的要求，随时可能出现煤垛坍塌，为事故的发生留下隐患。这种现象暴露出生产组织上考虑不细致，没有针对煤场的具体情况安排作业方式，存在着随意性。

（4）安全教育培训工作需要加强。该厂对已经发生的事故教训麻木不仁，没有认真吸取前次人身重伤事故的教训，对通报中强调要严肃转岗人员的安全教育培训、考试工作，在该公司的全员竞争上岗工作中没有落实。对车间、部门内部岗位变动人员新岗位的安全教育培训和考试工作没有统一安排和部署，导致这些人员对新岗位安全生产风险辨识的能力不足。

3. 防范措施

根据事故暴露出的问题，结合目前安全生产形势特点，集团公司要求如下：

（1）各单位要立即组织开展一次安全检查。按照集团公司安全生产一号文件和工作会议部署，重点检查各级领导的思想认识，是否真正把安全摆到重要位置，并认真部署谋划各项工作；重点检查输煤、除灰、脱硫等附属车间的安全隐患，检查外包工程及外委队伍，是否按照集团公司的要求实施管理；重点检查商场、俱乐部等人员聚集场所的消防及安全防护设施，确保不发生恶性事故；重点检查各项防寒、防冻的措施是否到位，确保安全可靠地供电、供热。

（2）各单位必须严格执行集团公司《安全生产工作规定》的要求，对于转岗人员、进入生产现场的外包人员、多经企业人员，必须实施安全教育和培训，熟悉设备系统，掌握操作技能，并经考核合格后上岗，考试不合格的人员不得上岗。

（3）各单位必须加强特种设备与特种作业人员管理。特种设备必须按期进行检测、检验，并取得相应的合格证书或使用许可证。对公司内机动车辆等，必须实施统一的调度管理，严禁无证人员驾驶。学员必须经过新岗位的安全教育培训、考试后方可跟班学习，严禁单独作业。

4.17　某热电厂机械伤害死亡事故

1. 事故经过

1985 年 1 月 7 日上班后，电机班班长分配夏某和王某两人去处理抓吊抓斗外绳卷筒终端开关。10 时 30 分，王某和夏某两人去抓吊班找司机，当班司机因病未上班，运行分场主任、抓吊班班长安排替班司机李某配合工作。11 时，检修人员王某、夏某与替班司机李某一起上了抓吊。李某进了操作室，王某、夏某走到操作室的上层平台小车机械室，查看过终端开关，然后夏某到操作室附近告知操作室内的李某把抓斗提起来。此时王某从机械室内走到门口，小车机械室东侧门处于打开位置（小车机械室东侧门控制着一个安全开关，门关闭，小车操作电源接通，门打开，操作电源断开），王某未关操作室门而站在门口，左脚踩在安全开关的连杆上，人为接通电源，排除了该项保安措施。司机李某接到夏某的通知，并发现操作电源已接通，认为上面机械室已做好试验的准备，便开始操作。夏某在小车向南开动时走到大车电气室南侧，拐过大车电气室向上走时发现王某的头部夹在小车机械室东侧门框与大车主梁立柱之间 50mm 的空隙内，小车处

53

于停止状态。经检查王某的头颅严重损伤，确认死亡。

2. 事故原因

（1）该事故是由于操作室门未关，另一名工作人员未返回操作室的情况下，用脚踏合开关，人为强行接通操作电源，解除保护措施，且头部露出门外，小车向北开造成王某头部重撞致死。

（2）抓吊司机李某未向检修人员讲明提升抓斗时必须开动小车，互相联系不清是这次事故的另一原因。

（3）夏某联系司机提升抓斗后，不应在右边返回途中通知王某，以致给王某单独违章作业创造了条件。

（4）违反《安规》（热力和机械部分）第122条"除司机人员外，严禁其他人员擅自开动运煤机"的规定。

3. 暴露问题

（1）暴露了人员安全意识不强，在检修作业中竟然人为解除保护措施，埋下了事故隐患。说明该单位在安全管理上有漏洞，执行有关规定不严格，随意性严重，以致发生事故。

（2）事前没进行危险点分析，班长只交待了工作任务，而未交待安全措施和注意事项。只管生产，不顾安全。

（3）检修、运行人员工作联系配合不当，违章操作和违章作业。

4. 防范措施

（1）加强安全第一的思想教育，提高职工安全意识，杜绝"三违"作业，严格执行有关规程制度。

（2）作业前要认真分析危险点，落实安全措施。

（3）作业的联系要到位，设备、设施状况要及时相互通报，做到检修、运行心中有数，作业任务、措施明确。

（4）严禁随意解除保护装置。

（5）严格遵守《安规》（热力和机械部分）规定："除司机人员外，严禁其他人员擅自开动运煤机。运煤机在运行中不准人员上下和进行维护工作。各式运煤机、卸煤机械操作室的门窗应保持完好，窗户防护栏杆、门应加装闭锁，以防行车中操作人员探头瞭望或走出操作室。"

4.18　某发电厂燃料机械伤害事故

1. 事故经过

1992 年 5 月 15 日 16 时，某发电厂三期卸煤一班 2 号门式堆取料司机谭某和另一名司机关某按调度令准备排煤，排煤前两人商量先由谭某进行操作，关某进行监护和巡视设备。16 时 35 分，谭某操作堆料机进行排煤，排煤 10min 后，谭某见关某从梯子下去检查配煤小车和输煤设备。关某下去 3min 后，谭某估计关某已经走到配料小车平台上，就打启动电铃并操作，配料小车进行往复排煤，当配料小车由东往西行走时，谭某听到有人呼喊，即停止小车行走，下到平台梯子口处，发现关某站在梯子上被挤在配煤小车行走电动机与斜升皮带大滚电动机保护罩铁板之间 100mm 左右处，谭某立即将配煤小车往东倒车，关某被送往医院检查治疗，经检查左髂骨尖损伤。

2. 事故原因

（1）《燃料运行规程》规定："检查配料车时，防止身体被电动机与档梯挟住"。补充规定："工作人员在检查设备时严禁站在梯子上检查设备"。但是关某巡视设备时，违反了运行规程和补充规定，站在梯子上查看设备，有章不循是发生这次事故的主要原因。

（2）司机谭某见关某下去后，没有亲自确认关某是否走到平台上，而是凭主观意识，以时间来估计关某下去后所在的位置，盲目操作是造成事故的直接原因。

3. 暴露问题

（1）有章不循，《燃料运行规程》和补充规定中对检查配料小车时的安全注意事项，有明确规定却没有认真执行。

（2）防范措施没有落到实处，虽然对检查配料小车有规定，但是实际防范措施做得不够，发生习惯性违章操作。

4. 防范措施

（1）在配料小车梯子口处加装防闭锁装置，人经过时打开梯子口门时，行走电动机将自动闭锁停走，同时在配料行走平台处加装警铃。

（2）加强安全思想教育。各班组开展讨论，对危害人身及设备安全的问题进行全面检查，真正做到"安全第一、预防为主"。

4.19 某发电厂燃料分场人员违章造成死亡事故

1. 事故经过

1994年9月25日前夜班，某发电厂燃运四班正常组织上煤。由于煤湿，使15号甲皮带头部经常堵煤，致使大量湿煤外流到皮带两侧地面。22时20分左右，班长王某安排集控值班员郭某、牟某各带一组人员去清理地面积煤。郭某带领6人在15号皮带头部清煤，牟某带领3人在尾部清煤。22时37分，郭某发现滚轴筛连续有3根轴不转，便去14号皮带值班处打电话通知班长，途中遇到牟某后郭某便叫牟某去查看。郭某离开后，碎煤机值班员于某（男，32岁，临时工）也发现了该故障，为处理堵塞的滚轴筛，于某将滚轴筛操作把手置于就地位置（集控室不能再启动）停运，后进到滚轴筛内处理。此时牟某下到滚轴筛操作箱处，未知情况下启动滚轴筛，使在滚轴筛内处理堵煤的于某被卷入碎煤机中致死。

2. 事故原因

该次事故是一起纯人员严重违章的责任事故。

集控值班员牟某没有同任何人联系，也不到待启动设备处检查有无人员就盲目启动滚轴筛，是造成于某死亡的直接原因。

死者于某在未拉开滚轴筛电源，也未在操作箱启动按钮上挂"有人工作，禁止合闸"警告牌或设专人看护，擅自到滚轴筛内处理堵煤，是造成自身死亡的主要原因。

集控值班员郭某被临时安排清积煤工作，在滚轴筛连续 3 根轴发生堵煤故障时，既未采取措施，也未向有关人员交待注意事项就离开岗位打电话，是造成该次死亡事故的重要原因。

班长王某工作安排不当，本人又没有亲自到现场检查和指导，使于某、牟某的违章行为未能得到制止，是该次事故又一重要原因。

15 号皮带值班地点电话故障，也未及时修复，致使工作负责人离开故障现场，于某在失去监护的情况下处理设备故障时发生了事故。

3. 暴露问题

（1）通信设施存在问题得不到及时处理。该次事故前，由于 15 号皮带值班地点电话故障使郭某离开工作地点，如果电话没有问题，该次事故有可能避免。

（2）车间领导抓违章不到位。经询问有关人员和查阅记录发现，运行人员处理滚轴筛故障对不停电的问题，在各运行班基本都存在，但领导既未发现也没有制止，安全管理工作存在严重漏洞。

（3）人员素质低，特别是临时工素质低是又一主要问题。主要表现在牟某不检查设备现场就随意启动设备，于某不停电就进到设备中处理缺陷等方面，都是该次事故的根源。

4. 防范措施

（1）认真执行《安规》，使每个职工养成自觉遵守安全规程的良好习惯。

（2）不论在什么情况下，在转动设备上检修或处理缺陷时，必须停电和挂警告牌，在已停电的运行设备操作按钮上也要挂"有人工作，禁止合闸"的警告牌，做到万无一失。

（3）设备启动前，必须严格执行到设备处进行检查的规定，只有在确认无人及无影响设备启动的问题时，方可启动设备。

（4）加强通信设施管理，及时消除通信设备的故障，保证通信设备畅通。

（5）各级领导要切实加强安全管理工作，并经常深入第一线，狠抓习惯性违章。

（6）加强对临时工的安全管理和培训工作。

4.20　某电厂燃料分场皮带值班员死亡事故

1. 事故经过

1996 年 2 月 27 日 9 时 15 分，某电厂燃料分场 23 号皮带值班员丁某（男，22 岁），因上身穿过尾部滚筒，被转动皮带带入下皮带与框架之间，造成人身死亡事故。

2. 事故原因

（1）丁某工作经验不足，安全防护意识不强，违反《热机安全规程》第 137 条，禁止在运行中人工清理皮带滚筒上的粘煤或对设备进行其他清理工作的规定，身体上部越过护栏被皮带滚卷住，是导致此次事故的直接原因。

（2）现场作业环境不良，照明不充足，安全防护措施不完善，是导致此次事故的间接原因。

3. 暴露问题

（1）职工安全意识不强，安全意识薄弱，缺乏自我保护能力。为清理积煤而运转输煤皮带是严重违章行为。

（2）安全责任制不落实，班组安全管理意识薄弱，尤其是各运行班组，没有认真开展事前危险点分析。

（3）习惯性违章没有从根本上杜绝，丁某本人严重违章，其根源还是在班组，有时班长甚至带头违章。

（4）安全培训、三级教育等没有注重实效，没做到真正理解，理论脱离实际。

（5）现场照明不充足，转动设备围栏需要改进。

4. 防范措施

（1）严格执行《安规》，加强转动设备的安全管理。对转动设备所设的围栏、防护罩要进行全面性检查，凡容易发生人身伤害的地方都要重新改进。

（2）加强班组安全工作，夯实安全基础，特别是对新进厂的青年工人要抓好安全教育和培训，提高其安全素质，增强员工自我保护能力。

（3）各班组要开好班前、班后会，班组长要掌握每个人的思想、精神状态及身体情况等，对无故旷工、不请假、迟到、早退等要严肃处理。

（4）认真组织学习《安规》，闭卷考试，同时要求学以致用，理论联系实际，要在生产实践中不违反规程，确保人身和设备安全。

（5）要加大反违章考核力度，发现违章操作要从严处理，不能手软，不能迁就，确保安全生产。

4.21 某热电厂劳务工死亡事故

1. 事故经过

1990 年 7 月 28 日 22 时 30 分，某热电厂 2 号堆取料机停运，堆取料机司机房某发现堆取料机改向滚筒粘煤，向集控室值班员任某报告并要人帮助清理。10min 后劳务工信某来到现场，司机房某向信某交待清理改向滚筒的任务，并让其站在皮带架上工作，不能上皮带，然后信某清理改向滚筒上的粘煤，房某手拽事故拉线在下部监护。

23 时，集控副班长孙某联系 8 号皮带头部值班员邹某，要求启动 2 号堆取料机和 8 号乙皮带向煤场堆煤。邹某联系 8 号皮带尾部值班员于某到堆取料现场，令司机房某启动设备堆煤。房某到 2 号堆取料机操作室，按动警铃后点动堆取料机行走。于某在下面示意，房某停止操作，拉掉电源，通知于某可以清煤，房某未从操作室下来。

此时于某让信某继续清理改向滚筒粘煤，于某在改向滚筒背侧 9.6m 处脚踏事故拉线进行监护，信某站在皮带上清煤。约 3min 后，8 号乙皮带突然启动，于某用脚踩事故拉线未停止，改用手拽事故拉线停止。于某到改向滚筒处发现信某倒在地上，将信某送往医院抢救无效死亡。

2. 事故原因

此次事故是一起严重违章作业的责任事故。

（1）8 号头部值班员邹某工作极不负责，在没有得到尾部值班员可以启动皮带的通知时，凭听到堆取料机行走警铃，认为堆取料机移动堆料皮带已启动，仅凭主观判断通知集控可以启动 8 号乙皮带，是造成此次事故的主要原因。

（2）现场监护人尾部值班员于某工作不负责任，没有看到信某上皮带工作，监护位置不正确，没有起到监护作用，拉线开关不到位，是造成此次事故的重要原因。

（3）集控值班员任某知道皮带有人作业，没有得到工作结束的汇报，在副班长孙某询问 8 号皮带值班员能否启动堆煤时，没有提醒改向滚筒有清理粘煤工作，认为清理工作应该已结束，也是造成此次事故的原因之一。

（4）违章作业是此次人身死亡事故的直接原因。领导对职工安全教育不够，执行规章制度不严格，现场安全管理有漏洞，事故拉线松弛没有及时处理或向有关单位提出，堆取料机通信设备长时间没有正常投入，也是造成此次事故的客观原因之一。

3. 暴露问题

（1）该事故违反《电业安全工作规程》（热力和机械）第 133 条"无论运行中或停止运行中，禁止在皮带上或其他有关设备上站立、爬过、越过及传递各种用具，跨越皮带必须经过通告桥"的规定。

（2）职工安全意识淡薄、责任心不强，监护人起不到监护作用。

（3）执行规章制度不严格、违章作业。

（4）现场安全管理有漏洞，设备缺陷没有及时消除。

（5）作业人员对危险作业部位没采取可靠的安全措施。作业中各部位人员的工作相互不联系，凭主观臆断盲目操作。

（6）未对安全保护装置进行检查，发现缺陷未立即联系处理，没能保证安全装置随时正常使用。

4. 防范措施

（1）堆取料机改向滚筒加装平台、护栏、刮煤器。各落煤筒开孔处加平台、围栏、梯子，以便清理落煤筒粘煤，恢复各落煤筒、振打器。

（2）尽快恢复堆取料机通信，未恢复前设对讲机，各皮带尾部安装多功能电话，8 号皮带尾部甲、乙皮带各装两个警铃。

（3）各岗位用临时工时，必须由岗位值班员带领其作业。值班员应切实负起监护人的安全责任，防止人身事故的再次发生。

（4）严格执行工作联系制度。各岗位在设备启动前必须对设备进行检查，集控启动设备前必须与就地值班员联系，得到值班员同意后方可启动设备，并要提示就地值班员前面的工作情况。

（5）对输煤皮带的临时清理粘煤等工作要采取可靠的安全措施，认真执行口头命令制度。

（6）发动职工查找习惯性违章和管理上的不足，堵塞漏洞，防患于未然。

4.22　某热电厂输煤工人被运输煤车挤伤致死事故

1. 事故经过

1986 年 7 月 3 日 1 时 20 分，某热电厂运输分场开始翻车机卸煤作业。空车经缓行器减速后，靠自然坡度由东向西滑向三道西头。2 时 42 分，负责四道（重车）作业的连接员才某（死者，男，18 岁，工龄 14 个月）见第 17 节车溜下后，便离开缓行器去检查车辆，当侧身横越停在三道的第 15 节与第 16 节两节车钩之间（钩间空距约 400mm）时，被溜下的第 18 节车撞击 17 节、16 节车挤伤，才某被救出后因胸、腹部位严重损坏，经抢救无效于次日死亡。

2. 事故原因

（1）连接员才某见 17 节车溜下后，便离开了缓行器，这时缓行器在没有人控制的情况下，18 节车溜下的速度要比缓行器控制后的速度加快好几倍。

（2）当才某侧身横越停在三道的第 15 节与 16 节车钩之间时，没有听到和看到 18 节车快速溜下，从思想上没有意识到 18 节车溜下的可能。

（3）第 18 节车是在没有相互联系、没有信号和失去缓行器控制的情况下急速溜下，与其他 3 节车相撞造成才某挤伤致死事故。

3. 暴露问题

（1）工作安排上失误，调车员上岗年龄只有 18 岁，进厂只有 14 个月，属学徒工期间，加上工作安排在后夜，只有 1 人操作和检查。应在有经验人员监护下进行工作，不应该独立工作。

（2）严重违章，才某在横越第 15 节与 16 节车钩时，空距只有 400mm，没有按照规定执行"一停二看三通过"的规定。

（3）煤车没有完全溜下的情况下，不应该急于检查车辆。

（4）习惯性违章作业，使工作人员对事故失去警惕性。

（5）有关领导对职工安全教育不够，对过去已发生的穿越两车之间被挤伤致死的事故没有认真吸取教训。

4. 防范措施

（1）制定关于车辆调度的专门规程，有关人员必须严格执行相关规定。

（2）运煤系统的各工作地点应有相互联系的信号、通信、照明设备，在铁道附近进行工作可能影响调车作业或行车安全时，工作负责人应事先与调车人员联系，做好安全措施，必要时应设专人监护。

（3）煤车摘钩、挂钩或启动前，必须由调车人员查明车底或各节车辆间确已无人，才可发令操作。

（4）参加各项操作的人员，必须熟悉业务，禁止学徒工直接操作和独立工作，应专门培训，考试合格持证上岗。

（5）运煤系统和卸煤车的铁道两旁要设置"严禁钻车、严禁扒车"等标示牌，以警示行人和作业人员。

4.23 某热电厂燃检技术员被螺旋卸煤机挤死事故

1. 事故经过

1986年7月24日，某热电厂燃料分场决定将2号卸煤沟3、4号螺旋卸煤机上下用的平台移位。该项作业由燃料检修班技术员、代理班长曹某（死者，男，31岁）带领全班14人，准备用1天的时间完成。整体搬移该平台（长5m，重约1t）时，在无起重搬运设备和周密安全措施的情况下，工作人员错误地采用2台螺旋卸煤机悬挂链式起重机的简单办法作业。在卸煤平台吊起后，曹某驾驶3号卸煤机，另2人开4号卸煤机，其他人员则手扶卸煤机平台4角的支柱。对此违章作业，班里有人提出过异议，但没有引起重视。约10时20分，平台支柱刮住卸煤沟侧墙的水泥立柱（牛腿）。这时曹某也发现平台支柱被刮，就从卸煤机铁门处探出身体（门没装闭锁装置），他既未停车，也未注意到身后不到0.5m处就是"牛腿"，卸煤机行至"牛腿"上部的水泥垛子处时，曹某头部被挤撞，从卸煤机中掉下，送医院抢救无效死亡。

2. 事故原因

（1）违章作业。搬移平台没有起重设备，也没有周密的安全措施，错误地采用两台螺旋卸煤机悬挂导链吊运平台。

（2）野蛮作业。不听劝阻，已多次出现险情，但没有停止工作。

（3）检修人员违反《安规》（热力和机械部分）关于除司机人员外，严禁其他人员擅自开动运煤机的规定。

（4）卸煤机的门没有加装闭锁，没有开工作票，没有采取可靠的安全措施。

3. 暴露问题

（1）对该工作，分场没有研究移位方案和安全措施。

（2）习惯性违章，设备检修管理混乱，未开工作票就进行工作。

（3）未经批准，又未提出必要安全措施就利用非起重工具实行起重作业。

（4）规章制度执行不严，非司机驾驶卸煤机。

（5）违反规程要求，卸煤机未安装闭锁和安全网等安全防护装置。

4. 防范措施

（1）严格执行《20 项重点反事故措施》中关于防止输煤机械伤害第 6 条规定，螺旋卸煤机操作室门应装设闭锁装置，门窗应封闭或加网。未经批准不得随意将闭锁解除。

（2）严格执行工作票制度，无票不准作业。

（3）大型作业要做好安全措施，领导要给予高度重视，做好开工前的准备工作，并进行必要的监护和指导。

（4）严格执行《安规》（热力和机械部分）第 122 条规定，除司机人员外，严禁其他人员擅自开动运煤机。运煤机在运行中，不准人员上下和进行维护工作，与工作无关的人员不准在运行中的运煤机旁逗留。

（5）按事故处理"三不放过"要求，做好防范措施，吸取事故教训，加强岗位培训，杜绝习惯性违章作业，提高工作人员的自我防护能力。

4.24 某发电厂燃料分场卸煤工被煤车挤死事故

1. 事故经过

1991 年 1 月 4 日，某发电厂 2 台 20 万机组运行。1 号翻车机连续翻车作业，4 时 50 分将已卸完煤的一辆空车推至移车平台上，这时负责移车台作业的监护人刘某（临时工，男26 岁）在没有采取任何防止溜车措施的情况下，打铃联系移车台操作人开动移车平台，由 5 号重车线向 4 号空车线移车。在移车平台行进过程中，空煤车厢自行滑动溜车，操作人发现后立即停车，此时空车已溜出移车平台，在移车平台北侧暖风器前取暖的临时工发现刘某被从移车平台溜出的空车厢挤在翻车机配电间墙角处，立即喊人将刘某救出，送厂职工医院，但刘某因伤势过重，抢救无效死亡。

2. 事故原因

（1）此次事故是负责移车平台作业的监护人刘某安全意识不强，没有执行分场规定的放铁楔防止溜车的临时措施，使空车从移车平台上滑动溜出。违章作业是此次事故的直接原因。

（2）燃料分场领导对移车平台反向止挡器长期故障的问题没有尽快修复，对执行临时措施监督不力，给事故留下了隐患。

（3）厂领导对燃料设备长期存在的问题没有给予足够的重视，没有帮助分场认真研究解决威胁人身安全的问题，管理不善。

3. 暴露问题

（1）该事故暴露出该厂一些工作人员的安全意识淡薄，表现在有关领导和生产管理人员对移车平台双向止挡器、翻车机重车止挡器长期损坏及现场工人长期违章作业熟视无睹，既不及时对安全装置进行检修，也不制止违章作业。

（2）该厂规章制度不健全，一些规程是建厂时制定的，与实际设备运行情况不符，但未及时修改。

（3）安全教育不够，临时工刘某原是卸煤砸大块工，后调到移车平台工作，在工种变动时，分场没有对刘某重新进行安全培训和考试，安全教育没有落实。

4. 防范措施

（1）习惯性违章作业已成为当前安全生产中最严重的问题之一，是有些领导和职工的安全意识淡薄，法制观念不强。要求各级领导应自学增强安全意识和法制观念，强化安全生产措施，发动群众同各种习惯性违章行为作斗争。

（2）仔细检查是否存在长期没有解决威胁人身安全的隐患和设备缺陷，重点检查燃料和运输的设备，发现问题应及时解决。

（3）要认真抓好安全教育，对新到岗和变换岗位工作的临时工、合同工等要有针对性地做好安全培训，考试合格后方可上岗工作。

（4）要对照检查本单位现行的各种规程、规定，如有与实际运行情况不符或有漏洞的，应及时修订补充健全。

（5）严格执行《安规》（热力和机械部分）的规定"沿铁道两侧的人行道应经常保持畅通，当机车来到或听到汽笛声时应及时向两旁躲避"。

4.25　某电厂皮带值班员死亡事故

1. 事故经过

1983 年 4 月 23 日，某电厂燃运车间 3 号皮带值班员马某（男，20 岁，1979 年 12 月进厂）值前夜班，上班前偶遇中学

同学刘某，未经班长允许，擅自留刘某在宿舍叙谈。下午 19
时许，马某带刘某到生产场所参观，行至 3 号皮带值班室，才
在交接班簿上补写接班签字。2 人离开 3 号皮带值班室后于 21
时许某来到卸煤沟，马某擅自登上备用的 2 号螺旋卸煤机，开
车未遂，接着又登上正在运行的 1 号螺旋卸煤机爬梯，虽被司
机刘某发现但不听劝阻，仍然站在爬梯上，且头部伸出爬梯
拉杆外，面向东边与站在地面的刘某讲话。21 时 24 分，当 1
号螺旋卸煤机从 4 号立柱由东向西以 13.8m/min 的速度行驶
时，马某的头部被 3 号牛腿与螺旋卸煤机操作室外壁挤断，当
即死亡。

2. 事故原因

马某是 3 号皮带值班员，工作岗位距离出事地点 500m 以
上，且在死亡当天基本未上班（仅在 19 时许陪同学刘某参观
约 30min 就离开岗位），完全是从事与工作无任何关系的活动
来到工作现场。因此，马某之死是由于其自身不遵守规章制
度，严重违反劳动纪律所造成。

违反《安规》第 122 条，除司机外，严禁其他人员擅自开
动运煤机，运煤机在运行中不准人员上、下和进行维护工作。
各式运煤卸煤机械操作室的门窗应保持完好，窗户应加装防
护栏杆，门应加装闭锁，以防行车中操作人员探头瞭望或走
出操作室。

3. 暴露问题

（1）劳动纪律松懈。从这次事故看，不仅马某严重违反
劳动纪律，当天涉及的许多岗位也同样劳动纪律松懈。列举
如下：

1）16 时，马某并未到岗接班，上一班值班员黄某在无人
接班的情况下离岗，也没有向班长汇报。

2）17 时 25 分，1 号皮带值班员刘某按照事先与马某的约

定，擅离岗位返回宿舍到 19 时左右才返岗。

3）19 时许，马某与同学刘某 2 人到 6 号皮带值班室与值班员资某嬉闹达 30min 之久。

4）20 时许，马某对 6 号皮带值班员丁某交待一声就和刘某一起离开，以后长时间未返回工作岗位，丁某也没有向上级报告。

5）马某当天基本不在岗位，输煤集中控制室多次上煤应有所察觉，20～21 时，马某带刘某从 6 号皮带进入输煤集控室喝水，也没有人过问。

6）21 时 30 分，马某进入煤管班值班室，并对 2 号螺旋卸煤机司机李某说要去卸煤，李某顺口答应。这是严重违反岗位责任制的，虽经扶某提醒并去制止，但马某仍然登上 1 号卸煤机操作室，只因不会启动，才未造成严重后果。

（2）规章制度贯彻不严。

1）交接班制度流于形式。从这次事故看，不仅马某上下班没交接，而且整个班没有按交接班制度进行，且未通知班长。

2）门岗保卫制度不严，生产厂区设有门岗，日夜有人值班，但马某带外人随意进入无人查问。

3）设备改进审批不严，1、2 号螺旋卸煤机操作室外的垂直梯是燃运车间为司机上下方便，自行设计加装的。对于设备改进应有一定的审批程序，类似此类影响设备安全性能的改进应经厂部审批，该厂在此方面管理不严格，使用爬梯近 2 年，有关领导视而不见，使这一安全隐患长期存在。

4. 防范措施

（1）对劳动纪律松懈现象彻底整顿。

（2）落实交接班制度和各种规章制度。

（3）对现有螺旋卸煤机的爬梯进行改造，以防止类似的事故发生。

（4）加强岗位责任制，严禁串岗、离岗。

（5）严禁私自带外人进入生产现场，加强门卫值班制度。

（6）严格执行《安规》（热力和机械部分）规定"与工作无关的人员，不准在运行中的运煤机旁逗留"和"除司机人员外，严禁其他人员擅自开动运煤机，运煤机在运行中不准人员上下和进行维护工作"。

4.26 某热电厂临时工死亡事故

1. 事故经过

1992 年 9 月 15 日，某热电厂运行二班上中班，约 17 时 30 分，李某擅离工作岗位，爬上正在运行的 1 号龙门吊，并走进驾驶室看司机王某操作（班长刘某请事假 3 天，由王某代理班长），王某发现李某后要李某下去。李某走出驾驶室下龙门吊，此时王某还在继续清仓抓煤操作，约 18 时，王某卸完煤后停机关门下龙门吊，当王某走到下龙门吊的第一道楼梯时（楼梯高 1.3m）发现李某卧躺在机房顶上。王某立即同其他人员一起将李某送到医院，经抢救无效死亡。

据调查分析，死者李某擅离工作岗位，爬上 1 号龙门吊驾驶室，在遭到驾驶员王某阻止返回途中，从龙门吊平台上下梯时，由于龙门吊处于工作状态中，在龙门吊晃动及离心力的作用下，李某身体重心失去平衡滑倒在铁梯上，被金属构件或平衡重块撞击。终因身体剧烈震荡，造成肝、脾、肺破裂，失血性休克死亡。

2. 暴露问题

（1）对临时工安全、纪律教育等管理不力。

（2）该厂对临时工使用管理不力，规章制度贯彻落实不到位。

（3）该厂虽在 8 月 24 日已发生一起临时工死亡事故，但没有认真吸取教训，对临时工安全技术教育不够重视。

（4）司机（代班长）王某对李某违章窜岗虽已制止令其退出，但李某离开驾驶室时没有停机，使龙门吊处于工作状态，给事故创造了条件。

3. 防范措施

（1）加强对民工、临时工的安全教育和管理，现场作业时应明确其作业任务、活动范围，在工作负责人带领下进行施工。

（2）当发现非本作业岗位人员进入作业区域内时应停止机械操作，劝其立即离开危险区域，确认不会造成危险时再继续操作。

（3）建立起安全有序的组织生产约束机制和激励机制，加大管理和考核力度。

（4）作业人员严格执行《安程》中与本岗位有关的规定。

4.27　某燃料公司职工酗酒后落水事故

1. 事故经过

1989 年 2 月 13 日 14 时左右，某运煤船停靠某电厂煤码头，水手林某、邵某 2 人在吃饭酗酒后，爬上 1125 号空舱船，林某不慎落水，后被救上甲板。

2. 事故原因

（1）林某、邵某无视公司纪律在班上酗酒，酒醉后在失去行走控制能力后串岗，是造成此次未遂事故的直接原因。

（2）劳动纪律松懈，管理不严。代驾驶长未能阻止林某、邵某酗酒，又未能制止无事串岗的行为，是造成此次未遂事故的重要原因。

（3）穿救生衣制度普遍执行不严，也是造成这次未遂事故的原因之一。

3. 暴露问题

（1）劳动纪律松懈、管理不严，职工酗酒无事串岗，有关人员未能及时制止。

（2）穿救生衣制度执行不严，有章不循。

4. 防范措施

（1）加强职工的安全意识教育。

（2）严格执行穿救生衣等规章制度。

（3）加强管理工作，劳动纪律应常抓不懈，发现违章、违纪者要坚决纠正。

4.28 某发电厂输煤机械伤害事故

1. 事故经过

1993 年 2 月 20 日 5 时，某发电厂燃料三期输煤皮带正常启动上煤，6 时 30 分，6 号值班员金某接到程控值班员停止上煤的命令，停止了运行中的 6 号乙皮带。此时皮带在惯性下仍在行走，金某在皮带没有完全静止的情况下用铁锹清理 6 号乙皮带侧头部皮带转向滚筒处的地面落煤，因人在皮带外侧够不到落煤，金某便钻入皮带下，左手碰到皮带转向滚筒，连同身体被带到皮带与转向滚筒之间，左手拇指和头部被挤住。此时金某头脑清醒，急忙抽回头部，其所戴安全帽两侧被挤压变形，这时皮带也完全静止，金某被卡在转向滚筒与钢梁支架处。金某被救下后送往市内医院，检查确认是闭合性脑骨损伤。

2. 事故原因

（1）违反《安规》（热力和机械部分）第 137 条规定："禁

止在运行中人工清理皮带滚筒上的粘煤或对设备进行其他清理工作。"

（2）临时工素质低，对皮带停后仍有惯性考虑不周，皮带没有静止便进行清理工作，自我安全防护意识不强。

（3）燃料分公司贯彻事故通报不力，没有认真吸取其他电厂的事故教训，虽然对通报进行了传达，但只停留在表面和口头上，在实际工作中并没有真正采取防范措施，尤其忽视了对临时工进行深入细致的教育。

3. 暴露问题

（1）在工作中不严格执行规章制度。

（2）临时工素质低，安全意识薄弱。

（3）贯彻事故通报、落实防范措施上不深、不细。

4. 防范措施

（1）在全厂范围内开展安全大检查，举一反三，堵塞漏洞，进一步完善安全规章制度，确保不再发生人身伤害事故。

（2）对全厂临时工、劳务工进行整顿，对燃料运行临时工进行培训，考试合格后方可上岗。

（3）对职工进行遵章守纪教育，严格执行规章制度。

（4）在事故现场挂事故警告牌，做到警钟长鸣。

4.29　四起输煤机械伤害死亡事故

1. 事故经过

（1）1988 年 10 月 8 日 15 时 50 分，某发电厂锅炉分厂运行班工人孙某到燃料分场第 13、14 号炉螺旋式送粉机东侧准备开启送粉机时，被行驶的输煤皮带小车刮倒，拖走 1m 多远后挤在配煤小车北侧煤溜子与送粉机的减速机之间，经抢救无效于 17 时 20 分死亡。

（2）1988 年 11 月 8 日 8 时 30 分，某发电厂岗前培训学员杨某（男，21 岁）在煤斗协助师傅关闭煤仓刮板机挡板后，既未采取停电措施，也未经师傅同意，自作主张地进入处于备用状态的刮板机内处理缺陷。其师傅刘某在接到煤控室上煤指令后，没有寻找杨某的下落和检查设备状况，也未按动警铃，就启动刮板机，致使杨某被挡板撞挤在固定的横梁上造成左耻骨、右腕骨粉碎性骨折，失血过多，抢救无效死亡。

（3）1988 年 11 月 15 日 6 时 42 分，某电厂输煤工张某接到燃料集控室电话，到甲侧给煤机运行，随给煤机向西行走。由于给煤机行车转动装置未加防护罩，张某距给煤机太近，所穿棉大衣被传动轴绞住，致使张某头部、右胸、右肩胛、肩关节受伤，右腋下血管全部撕裂，右肘关节开放性骨折，经抢救无效于次日 3 时 15 分死亡。

（4）1989 年 2 月 12 日 10 时，某发电厂燃料分厂 5、6 号输煤皮带滚筒粘煤，输煤工郭某和其代理班长在既未开工作票，又未做安全措施的情况下停机清煤。在郭某于 6 号皮带清理滚筒上的煤时，其代理班长就用步话机与集控值班员联络启动 5 号皮带，但由于命令传受过程出现错误，突然启动了郭某正在工作的 6 号皮带，将郭右腿挤断，致使郭某流血过多抢救无效死亡。

2. 事故原因

（1）盲目作业，在准备启动送粉机时，没有意识到运行中的输煤机械是否会给自己造成伤害，自我防护意识不强。

（2）违反热机规程中第 133 条有关规定："刮板给煤机无论在运行中或停止运行中，禁止行走和站立"。启动设备不检查设备状况，也未按警铃。

（3）机器的转动部分没有防护罩，工作人员违反规程第 31 条规定，没穿合适的工作服。

（4）违反《安规》第 137 条的规定"禁止在运行中人工清理皮带滚筒上的粘煤或对设备进行其他清理工作"。

（5）输煤设备检修不开工作票，并错误传受命令。

3. 暴露问题

（1）发电厂燃料分场是人身安全事故多发场所，但没有引起各级领导和广大职工的重视。

（2）有章不循，习惯性违章作业。

（3）管理不严，纪律松懈，反事故措施执行不力。

（4）上述单位对各项安全责任制没有真正落实，少数职工职业素质低，工作责任心不强。

（5）没有认真吸取输煤机械对人身伤害的教训。

4. 防范措施

（1）各单位应严格执行重点反措中关于防止燃料输煤机械伤害事故中的各项规定。

（2）皮带滚筒处应装刮煤板，对皮带端部煤容易落的地方应适当加大或改造落煤口，减少跑煤。不得在运行中清理滚筒粘煤和落煤。

（3）机器的转动部分必须装有防护罩或其他防护设施，露出的轴端必须设有护盖，以防绞卷作业人员衣服。

（4）工作人员进入生产现场，必须穿合适的工作服，衣扣、袖口应扣好，不应有被转动机器绞住的部分。

（5）严格执行工作票制度，在燃料输送等各部分作业必须严格执行停电挂牌，同时设专人监护。建立健全各项规章制度，燃料分场要根据上级有关规定，并结合生产实际制定出符合现场情况的运行、检修安全工作规程，以及临时工、合同工安全管理制度，在实际工作中严格执行，加强监督和考核。

（6）对新入厂人员必须进行三级安全教育和上岗前的安

全技术培训，经考试合格后方可上岗，以师带徒上岗的，师傅必须向徒弟交待清楚操作和作业中的危险点及安全注意事项。徒弟不允许脱离师傅监护而从事操作和作业。

4.30 某电厂龙门抓挤人致死事故

1. 事故经过

1993 年 10 月 4 日，某电厂用新建的龙门抓吊给新厂 6 号炉上煤。约 9 时 40 分，龙门抓司机谭某（男，28 岁，1988 年参加工作）和马某 2 人边熟悉设备边操作。在马某练习操作时，谭某未通知马某私自离开操作室违章登上小车机械室，并将上身探出机械室门外，在小车由西向东移动过程中，与平台上钢梁相遇，因小车边框与钢梁间相距仅 50mm，谭某被行走的小车带出，挤压致死。经检查，机械室门闭锁装置失灵。

2. 事故原因

（1）违章作业，私自离开操作室登上小车机械室，将身体探出机械室门外，是此次事故的直接原因。

（2）违抗班长命令，擅自登龙门抓吊熟悉设备。

（3）机械室门闭锁装置失灵，不能及时断开小车电源是此次事故的重要原因。

3. 暴露问题

（1）在抓习惯性违章不力，不能有效制止习惯性违章行为。

（2）设备设施不完善，机械室门闭锁装置失灵，没有及时得到处理。

（3）培训工作安排不当，部分职工素质较差，没有认真吸取已经发生过类似事故的教训。

4. 防范措施

（1）严格执行《安规》（热力和机械部分）规定："起重机械只限于熟悉使用方法并经考试合格、取得合格证的人员使用。"

（2）认真吸取事故教训，牢固树立"安全第一，预防为主"的思想，对上级有关安全生产的方针、政策、指令、规程、规定要人人皆知，坚决执行。

（3）严格执行《20 项反事故措施》中关于防止燃料输煤机械伤害事故的各项措施。螺旋卸煤机室门应装设闭锁装置，门、窗应封闭或加网。龙门抓、轮斗机等设备机械的机械室门应装设闭锁装置，必要时爬梯口要装门加锁。未经批准不得随意将闭锁解除。

4.31　某发电厂崩冻煤坍塌致死事故

1. 事故经过

1988 年 3 月 16 日，为保证春节期间的发电、供热用煤，某发电厂决定：燃料分场检修班从即日起在 15 天之内把煤场的冻煤全部用炸药崩开，并将大冻块打碎，用推土机归垛，保证春节期间及冬季发电、供热用煤。检修班班长接受了任务，下午做好崩煤前的准备工作，17 时 40 分至 18 时，崩煤人员相继到齐。工作开始前班长安排当晚放两炮，19 时可结束，够第二天推土机推的就行。参加崩煤的 12 人，拿 10 包炸药及工具一起去煤场。在煤抓支柱北侧 2～3 柱和 3～4 柱间的冻煤堆南侧（该面是呈陡坡状态上下呈直角，堆高 5.7m，东西长 8.6m）各打 4 个共计 8 个炮眼，每个炮眼下 3 管药。第一炮引爆 2～3 柱间 4 个炮眼，18 时 20 分左右放响，待烟气粉尘消散后，查看上面冻煤层未塌落，班长与班组安全员用手电筒检查煤垛南北未发现裂缝（由于北坡有积雪，看不到）。班长让4位班员与他一起回班取炸药、雷管，准备在刚放过炮的陡坡再打4个炮眼下药爆破。其余在场的人员为把洞眼挖好，没等班长回来就开始挖洞（班长走时没交待不许挖洞）。当时刘某（死者）、号某、刘某、鲁某4人接近已经放过1炮的挖洞时，鲁某发现有掉煤的异常现象，大喊"快跑"，此时上面冻煤层落下，把刘某、号某、刘某3人压在煤下。经抢救，三人陆续被从煤里扒出并送往医院。刘某终因伤势过重，抢救无效死亡，号某、刘某受轻伤住院治疗。

2. 事故原因

（1）参加此项工作的刘某等人，严重违反《安规》热力机械部分第111条规定："从煤堆里取煤时，应随时注意保持有一定的边坡，避免形成陡坡，以防坍塌伤人。在工作中如发现有形成陡坡的可能，应采取措施加以消除。对已形成的陡坡，在未消除之前，禁止从上部或下部走近"。违章作业是造成此次事故的直接原因。

（2）作业人员想尽早干完，在没有班长组织的情况下，未顾及煤垛陡坡是否构成危险就主动去挖炮眼，是此次事故的主要原因。

3. 暴露问题

（1）燃料分场接受任务后没有组织分场有关人员及检修班长到崩煤现场进行实际调查，对崩陡坡冻煤堆没有制定相应的安全措施和组织措施。

（2）燃料检修班接受任务后，没有认真组织制定安全措施。工作中组织混乱，工作开始，班长安排安全员不干活，只当监护人，后来又安排安全员跟自己一起取炸药，没有重新指定监护人。

（3）3月16日厂部召开的会议，副总工程师、生技科、安监科等有关人员均未参加。会议结束后没有责成副总工程师率生技、安监等职能科室，与燃料分场制定崩陡坡煤的安全措施。

（4）各级领导在布置任务及安全措施后，对执行情况、作业现场的条件、安全措施等方面没有进行检查。

4. 防范措施

（1）举一反三，组织职工开展安全大检查，对查出影响人身安全的漏洞和隐患，能立即整改的应马上落实整改，由于物资、资金等因素影响，要订出计划指定专人限期落实整改。

（2）组织职工学习《安规》，检查对照有哪些习惯性违章，有哪些条文没执行，并在下月对职工（包括各级领导）进行《安规》考试。今后凡有较大工程和特殊工作，开始前要制定详细的安全措施，组织人员参加学习，开展危险点分析和安全交底活动。生产管理领导和安监人员要到位，进行必要的监督指导。

（3）整顿劳动纪律，加强安全教育，认真组织分场、班组开展定期的安全活动，提高职工的安全意识。

（4）按部颁培训制度，积极抓好生产培训工作，搞好青年员工的技术培训与安全教育，提高工人的安全技术素质。

4.32　某发电厂燃料运行班长死亡事故

1. 事故经过

1983 年 8 月 27 日 12 时 40 分，某发电厂燃料运行一班给锅炉上煤，13 时 20 分上煤结束，各号皮带及碎煤机停止运行。因下雨煤湿，需要清除碎煤机内积煤，专责人刘某首先用钎子撬粘在固定筛子上的积煤，这时班长张某前来协助刘某工作。张某将碎煤机两侧大小两个检查门打开，观察内部积煤情况，把碎煤机南侧地面上的煤粉抛到碎煤机下煤筒里。

刘某捅完固定筛积煤后，来到碎煤机东侧，准备打开碎煤机小门时，听到碎煤机两侧有响声，急忙过来，见张某倒在地面上，头部有血，处于休克状态，捅煤钎子绞进碎煤机内一半。刘某立即喊人将张某送医院进行抢救，但张某终因伤势过重，医治无效死亡。

2. 事故原因

（1）班长张某严重违反安全规程，碎煤机转子未停止还在惰走中即将碎煤机两侧大小门打开检查，并用钎子捅上面的粘煤，至使钎子插进碎煤机转子，绞住另一端打中张某的头部。

（2）按照电业安全规程，清理碎煤机内积煤时，应将碎煤机停电，并在有人监护的情况下才能进行。而张某和刘某2人违反此规定，并各自独立工作是造成这次事故的主要原因。

3. 暴露问题

（1）没有严格执行有关规程，在设备转动中开门检查和清理工作属严重违章行为。

（2）张某是退伍军人，到厂工作不到2年就担任班长工作，对电厂生产技术、转动机械的基本知识和性能不熟悉，没有工作经验。同时分场在选用班长时考虑不周，忽略了安全运行这个重要问题。

（3）班长张某的安全自我保护意识差，违章盲目作业，安全意识淡薄。

（4）该厂领导对平时的安全生产工作缺乏深入督促检查，在细小环节上缺乏得力措施，管理上有漏洞。

4. 防范措施

（1）严禁在碎煤机转子未静止的情况下开门检查和清扫。

（2）清理碎煤机内积煤和异物时必须停电源，在专人监护下才能进行工作。

（3）加强生产人员的安全技术培训工作，特别是班长这样的岗位，必须聘用懂得生产技术，具有一定实际经验和一定理论基础的人员。

（4）转动机械的检修与内部的检查应遵守《安规》（热力和机械部分）的规定："在机器完全停止以前，不准进行修理工作。修理中的机器应做好防止转动的安全措施，并做好切断电源、挂上警告牌等措施。"

4.33　某供电公司油罐爆炸造成人身死亡事故

1. 事故经过

1993 年 1 月 11 日，某供电公司 110kV 某变电站站长宋某雇车为该站从事的第二职业沥青厂拉原料煤焦油。当晚 9 时 45 分将煤焦油拉回，站长宋某安排司某（正在值班的主值班员）、梁某（站里从外单位聘用的沥青厂的技术员）2 人卸车。约 23 时，煤焦油基本卸完。此时副站长张某（该站安全员）来到卸油现场，准备用千斤顶将油罐一端顶起以便将剩下的煤焦油全部卸出。张某让司某去拿千斤顶，让梁某拆卸油罐与汽车的紧固螺栓。期间张某到值班室更换灯泡，23 时 20 分，张某吸着烟卷来到油罐顶上进行检查，当靠近油罐人孔盖窥视时，突然发生爆炸，张某被螺母击中。23 时 30 分将张某送往医院，经抢救无效死亡。

2. 事故原因

拉煤焦油之前 1 月 9 日，该罐曾拉过一次用于制作沥青的原料苯，由于罐内残存未卸净的苯和煤焦油的挥发气体，在空气中的浓度已达到爆炸的浓度，同时混合气体从上部窥视孔向外溢出，当张某在窥视孔检查罐内情况时，所吸的烟有明火，从而引燃气体，造成爆炸事故。

3. 暴露问题

（1）变电站附近建沥青厂，没有经过有关部门的审批，同时搞第二职业也违反有关规定。

（2）生产沥青的厂址选在变电站围墙外，距离变电站110kV 出线和控制室仅 15m 左右，上方有通信电缆通过。在这种环境下从事易燃易爆物资生产，不仅严重威胁设备和人身安全，而且污染外绝缘，将可能导致污闪事故发生。

（3）该供电公司领导在事故发生后才知道该站建有沥青厂，实属工作失职。

（4）司某在值班中搞第二职业是严重违犯劳动纪律的行为。作业人员对易燃易爆的危险性认识不足，作业现场吸烟检查油槽，严重违章。

4. 防范措施

（1）吸取事故教训，认真检查本单位安全生产上的薄弱环节，尤其是在工作现场，变电站及工作时间内禁止搞第二职业，防止类似事故发生。

（2）对第三产业的安全生产进行一次全面检查，对检查出的问题进行限期整改，将整改情况分别报省局多经处和安监处。

（3）凡需从事强腐蚀、高污染等危险性强的第三产业，必须事先严格履行审批手续，健全有关的安全保证设施，完善规章制度，并严格贯彻执行。

（4）不允许在变电站周围搞影响变电站安全运行的第三产业，对现有的危害电力安全生产的第三产业，要坚决停产并限期迁移。

（5）严格执行《安规》（热力和机械部分）规定："参加油区工作的人员，应了解燃油的性质和有关防火防爆规定，对不熟悉的人员应先进行有关燃油的安全教育，然后方可参加燃油设备的运行和维修工作。"

4.34　某发电厂燃料检修工人触电死亡事故

1. 事故经过

1995 年 8 月 31 日 7 时 30 分，某发电厂燃料输煤检修班班长于某安排毕某（死者）为工作负责人，处理甲滚轴筛筛轴，指定邵某、金某等 6 人为工作组成员，并口头布置同票安装 6 号甲清扫器（因安全措施相同，只是上下层），告知工作组成员要注意安全，系好安全带。

10 时开始安装 6 号甲清扫器后，14 时 30 分，毕某带领工作组成员再次进入工作现场处理甲滚轴筛筛轴。毕某系好安全带，戴好安全帽和电焊手套，进入甲滚轴筛头部落煤管上方的箱体内开始工作（毕某持有经过培训的焊工工种合格证），其他 6 人在外协助筛轴对位。

14 时 55 分左右，金某发现焊接弧光消失，接着听见毕某喊声，金某、邵某回头发现毕某向右侧蹲着不动，右手拿着焊钳，焊钳头部触在毕某的下颌处。邵某、金某立即将电焊线同电焊钳一同拽出，同其他人员一起于 15 时 5 分将毕某送到职工医院，经全力抢救无效，15 时 55 分死亡。

2. 事故原因

违反《安规》热机部分第 465 条规定，该条指出在金属容器内进行焊接工作，应有下列防止触电的措施：

（1）电焊时，焊工应避免与铁件接触，要站立在橡胶绝缘垫上或穿绝橡胶缘鞋，并穿干燥的工作服。

（2）窗口外应安排可看见和听见焊工工作的监护人，并应设有开关，以便根据焊工的信号切断电源。

安全措施不完善，没有严格执行电业安全工作规程，造成人身触电死亡，是此次事故的主要原因。

3. 暴露问题

（1）执行三票制度不严格、不认真，工作负责人责任不明确，没有严格履行工作负责人的职责。

（2）安全措施不完善，有关工作人员没有意识到工作地点是金属容器。按照规程规定，在作业中进行电焊时焊工应避免与铁件接触，应站在橡胶绝缘垫上，并穿干燥的工作服，窗口外应有可看见和听见焊工工作的监护人，并应设有开关，以便根据焊工的信号切断电源。毕某未遵守规程，以致在更换焊条过程中误将钳头触到下颌，通过身体的腰部，大面积与铁件接触，而触电死亡。

（3）所使用的焊钳为自制工具（简易工具），钳口及焊把外绝缘都不符合安全规定。

（4）检查安全措施不到位。工作票签发人和检修班长在开工前虽然强调了注意安全，但由于没有认识到是金属容器内焊接，所以布置安全措施不具体，更没有采取切实可行的安全措施。

（5）电厂在安全管理方面存在漏洞，职工的安全意识和自我防护能力较差，没有正确地处理好完成工作任务必须同时确保安全的关系。

4. 防范措施

（1）要组织所有从事焊接工作的职工认真学习有关焊接工作的安全规定和安全防护知识，经考试合格后方能上岗从事焊接工作。

（2）在焊接工作中要严格执行有关防火、防爆、防人身触电、防毒、防高空坠落等有关规定，采取相应的措施加以落实，不允许习惯性违章现象的存在。特别是在金属容器内从事焊接工作，一定要单设专用开关，设专人认真进行监护。穿干燥的焊工工作服、橡胶绝缘鞋，戴合格的电焊手套，垫绝缘板，使用安全电压的行灯。必要时进行强制通风，没有按规定做好安全措施，不允许进行作业。

（3）要严格执行工作监护制，要在工作前明确工作负责人和工作监护人，各自认真履行自己的职责。工作票签发人和有关领导要深入工作现场，检查所进行的工作各项安全措施是否得到认真落实。

（4）要认真组织职工学习现场急救方法，特别是生产一线工作人员要进行重点培训，使其熟练掌握心肺复苏等急救常识和技能。

4.35　某热电厂煤粉仓掉人窒息死亡事故

1. 事故经过

1990 年 12 月 16 日 13 时 25 分，承包某热电厂燃料皮带间防水工程的江苏沛县工程处，雇用的当地民工孙某（女，18 岁）在通过 5 号炉煤粉仓时，因粉仓人孔盖打开，不慎掉入煤粉仓中，抢救不及，窒息死亡。在抢救孙某的同时，另一男民工也掉入仓中，因掉入的时间短，男民工被救了上来。

2. 事故原因

（1）孙某在通过 5 号炉煤粉仓时，因粉仓人孔盖开着，孙某不慎掉入煤粉仓，抢救不及时而窒息是造成此次事故的直接原因。

（2）承包方在开工前自上而下的安全技术交底不够全面，导致施工人员没有全面熟悉施工现场及作业安全措施。

（3）领导对安全重视不够。

3. 暴露问题

（1）施工检修管理工作违章。没有及时恢复粉仓的人孔盖板，而需要检查或检修的生产设备设施孔洞不做安全措施。

（2）没有认真吸取同类人身伤亡事故的教训。

（3）承包单位的临时工自我防护能力差，安全培训、教育不到位，作业人员不熟悉作业现场环境。

4. 防范措施

（1）为保证安全生产，必须制定明确的安全职责，做到各负其责，密切配合，调动一切积极因素，从各个方面为安全生产创造条件。

（2）举一反三，认真吸取事故教训。

（3）招用的临时工，必须经过三级安全教育，经考试合格，发放带有本人照片的"胸卡证"，佩戴"胸卡证"方可上岗工作。

（4）严格执行《安规》中的有关规定，生产厂房内、外工作场所的井、坑、孔洞或沟道，必须覆以与地面齐平的坚固盖板。在检修工作中如需将盖板取下，必须设临时围栏。临时打的孔洞，施工结束后，必须恢复原状。

4.36 某发电厂卸煤机司机死亡事故

1. 事故经过

1990 年 10 月 17 日，某发电厂卸煤车司机葛某（男，19岁，1988 年入厂），于 0 时 15 分接班后，班长分配其卸栈桥内煤。卸完第 2 车煤时，班长迟某从栈桥底部上来查看卸煤情况。在第 3 车煤卸完一半时，班长回休息室。2 时 50 分，卸煤队清理道线人员看见葛某从卸煤机掉下，事故后分析葛某卸第 4 车煤时，将头部探出驾驶室门外，后脑右侧被牛腿挤碎，从驾驶室坠落地面，当即死亡。

2. 事故原因

（1）卸煤机司机违反《安规》（热力和机械部分）第 122条的规定，行车中将头部探出操作室是此次死亡事故的直接原因。

（2）卸煤机操作室的门窗防护不全，门没有加装闭锁，对卸煤机司机没起到保护作用是此次事故的主要原因。

3. 暴露问题

（1）"安全第一，预防为主"的思想树立不牢固，对各项安全生产规章制度贯彻落实不好，反事故措施不力。

（2）工作人员安全意识淡薄，习惯性违章，对事故失去警惕性，操作者不知其危害和后果，以致造成事故。

（3）安全管理工作不严、不细，对有关卸煤机械的安全措施没有认真组织落实。

（4）卸煤间照明不充足，作业环境较差。

4. 防范措施

（1）对各岗位工作人员加强安全知识、操作技术的培训。

（2）卸煤机的司机属于特殊工种人员，必须经过专门的安全技术知识和技能考试，合格方能上岗作业。

（3）严格执行反事故措施和安全规程的有关条款。螺旋卸煤机、桥式龙门抓、轮斗机等机械的操作室应装设电子闭锁装置，门窗应封闭或加网，必须切实起到防护作用。

（4）深入开展反习惯性违章教育，根据上级有关规定并结合生产实际制定出符合现场情况的安全工作规程，定期检查，加大考核力度。

4.37　某电厂基建工程较大人身伤亡事故

1. 事故经过

3 月 17 日，某建设公司的分包商某公司作业人员在某电厂燃料系统进行钢煤斗组装作业，约 13 时 45 分，作业人员在搬动钢板过程中，钢煤斗操作平台发生坍塌，平台上的 8 名施工人员与平台上的钢板一起从 28.7m 坠落至 17m 层。造成郑某、徐某、郑某、支某 4 人当场死亡，4 人受伤送医院，在医院抢救过程中，2 名施工人员胡某、郑某经抢救无效分别于 15 时 30 分、16 时死亡，另 2 名伤者王某、朱某仍在医院救护。事故共造成 6 人死亡，2 人重伤。

2. 事故原因

该建设公司作业班组擅自改变已批准的施工方案，临时搭建不规范的施工平台（允许承重载荷 270kg/m²），并利用午间休息时间擅自加班作业。在转运钢板过程中，作业人员违章将该平台作为积料平台使用，把大量钢板堆放在平台上（事后清点，事故发生时操作平台上的载重约 30t，单位静载荷达 470kg/m²），造成平台严重超载继而发生坍塌。以上是造成该次事故的主要原因。

3. 暴露问题

（1）违规操作，擅自改建作业平台。

（2）建设公司没有按规定对临时平台进行验收，没有进行全面的安全交底，也没有设置允许荷载标志，并且对其将钢煤斗制作项目分包给分包商公司的情况隐瞒不报；在实际施工中，建设公司对分包队伍疏于管理和教育，对该项目现场施工过程监督检查不细致，对临时平台不规范未提出异议，导致分包队伍安全意识薄弱，为抢进度而违章作业。

（3）该工程监理公司的专业监理和安全监理对于钢煤斗临时施工措施未进行检查和审核，对工程业务不够熟悉，缺乏相应专业知识，现场监督、监护不到位，未能发现此处存在的安全隐患，未提出预控措施。

（4）电厂对监理、施工队伍检查、监督和管理不到位；基建部门放松了现场安全检查监督，未能发现存在的安全隐患，未提出预控措施；对施工单位的分包情况清查工作不够细、不够实。

4. 防范措施

（1）要求各单位立即组织学习，深刻吸取事故教训，对近期发生的安全事故深刻反思，清醒头脑，深挖思想认识及工作作风差距，吸取教训，举一反三，落实整改措施，及时查找并消除事故隐患，防范事故发生。

（2）对安全整治工作的自查、整改及各级验收工作提出了严格规定，要求整改工作层层落实、各级验收、层层承诺，抓实、抓细、抓成效。

（3）各单位深刻吸取事故的惨痛教训，举一反三，切实加强项目现场安全管理和外包队伍管理，抓好施工单位的清理审查和施工过程的监督，排除安全隐患。

（4）要求加强监理人员的素质和力量，重新制订管理制度，明确各监理人员的安全职责，严格现场巡查制度，对现场所有危险点及重大操作进行监护，对所有施工措施（包括临时措施）进行审核签字，确保现场管理不留死角。

（5）完善外包工程安全管理制度，明确施工、监理、电厂三方职责，落实各级人员责任。严格施工组织措施及安全技术措施审核程序，以及审核人资质，严格清查外包队伍的分包，对资质不合格、不符合要求，以及安全意识差的分包队伍坚决清退。

4.38　某发电厂煤场人身死亡事故

1. 事故经过

2005 年 4 月 25 日，某发电厂燃管部运行三班当班。14 时20 分启动 2 号翻车机正常作业，15 时 40 分，当翻卸完第 13节车辆时（最后一节），卸煤工杨某发现车皮下躺着一个人（陈某），随即报告翻车机值班员。得报后，燃管部、厂部立即对陈某组织抢救，并将其送往该市医院，经抢救无效死亡。

2. 事故原因

当事人陈某在连接两车之间车钩时，因一节车钩未全部打开，陈某用左肩向外推钩时，空调机推进另一节车辆使陈某左胸部受两车辆车钩挤压导致伤亡。

（1）直接原因。按车辆挂接钩作业规程规定，空车推出到位后提钩并调整钩位，因钩位调整不当或车辆车钩存在缺陷发生顶钩时应通知运转值班员，在调车作业时由调车组人员处理。陈某属明显违章作业。且按规程要求调整钩位时作业人员严禁站在两车钩中间作业，但事故结果表明陈某完全置自身防护不顾，违章站在两节车辆车钩中间作业，导致在违章作业时发生意外事故，调查组认为陈某严重违反操作规程是发生事故的主要原因。

（2）间接原因。当班作业现场监督管理还存在一定的疏漏，同时，经调查组现场勘测，车辆车钩老化、开启卡涩是发生上述事故的间接原因。

3. 暴露问题

（1）工作时没有按规程规定执行，违章作业。

（2）安全意识淡薄，安全责任心不强。

4. 防范措施

（1）车辆连接员在进行翻车机重车车辆翻前的风管放风缓解、车辆摘钩和翻后空车的连挂及风管的连接工作时，应严格执行车辆连接员岗位职责及工作标准。

（2）严禁任何人从空调机推出的空车皮下爬过或从车皮间跨越。单位领导、专工要经常巡视检查，发现本单位有爬过或跨越人员要严肃处理，卸煤人员立即开除。

（3）加强对车辆连接员的专业知识培训，提高工作业务能力。严禁调整钩位、处理钩销时探身到两钩之间。

（4）翻车前认真检查车辆及车辆连接设备，发现状况不好要及时报告当班班长或主管领导。

（5）工作中发现异常现象要认真分析、查明原因，并采取正确对策。

（6）组织学习人身伤亡事故通报，使职工真正认识伤亡事故的严重性和造成的不良影响，深刻吸取教训，切实加强工作责任心和提高安全意识，牢固树立"安全第一"的思想，确保现场工作人员的人身安全。

（7）经常学习《安规》，杜绝违章作业、违章操作，严格执行有关各项规章制度。

4.39　某电厂推土机司机落入煤沟窒息死亡事故

1. 事故经过

1986 年 12 月 25 日，某电厂燃料分场推土机司机姜某在工作期间到休息室喝水，回来时穿行正在卸煤的煤沟，由于卸煤沟长时间缺一块煤篦子（4m×5m），姜某不慎落入卸煤沟中窒息死亡。

2. 事故原因

（1）燃料分场对缺损的煤篦子没有及时更换。

（2）推土机司机的安全意识不强，也是造成死亡事故的原因之一。

（3）车间安全管理不到位，安全生产责任制和各项安全生产规章制度没有落在实处。

3. 防范措施

（1）认真贯彻落实《电力生产安全工作规定》、《电力安全监察规定》、《电业安全工作规程》（热力机械部分），完善安全监察和安全保障体系，把安全管理和安全措施切实落到班组和现场。

（2）认真抓好生产、作业现场的安全管理，加强对职工的安全教育、培训，提高职工的自我保护能力。

（3）严格执行安全生产各项规章制度，认真落实防止触电、高空坠落、机械伤害、车辆伤害等措施，并严格考核。

4.40 某电厂高处坠落人身死亡事故

1. 事故经过

2005年12月28日上午，燃料部检修班安排王某等3人更换厂铁路卸煤机变速箱齿轮机油。由于起吊不变，决定对变速箱用蒸汽加热放油。11时20分，加热过程中由于油熔化，螺旋体机构下降，带动变速箱转动，因为地脚螺栓及电磁抱闸未恢复，变速箱从9.45m的底座落下，将旁边的燃料部检修班职工工某刮下。因其未扎安全带，在坠落过程中安全帽脱落，身体落入下部火车箱内。王某被迅速送往医院抢救，15时经抢救无效死亡。

2. 事故原因

这是一起典型的违章作业造成的电力生产人身死亡事故。

3. 防范措施

（1）认真学习《安规》，提高执行《安规》的严肃性和自觉性。认真排查以往的违章现象、查现象、查根源、定措施，举一反三，杜绝违章作业。

（2）高空作业必须系安全带，领导要亲自抓安全、定措施，确保人身设备安全。

4.41　某电厂人身死亡事故

1. 事故经过

1988 年 12 月 23 日 10 时 20 分，某电厂 1 号皮带甲侧跑偏，使甲侧皮带尾部滚筒上的粘煤增多，迫使工作人员停皮带清煤。停运后班长召集给煤工李某、车间技术员与值班员李某一起清理落下的煤。10 时 59 分 1 号甲皮带启动，此时李某见还有粘煤，用戴手套的右手直接伸进皮带清滚筒粘煤，右臂被速度为 1.6m/s 的运转皮带卷进，脑部被滚筒边上的栏杆支柱挤压，因伤势过重，抢救无效死亡。

2. 事故原因

(1) 违反《安规》(热力和机械部分) 第 137 条规定："禁止在运行中人工清理皮带滚筒上的粘煤或对设备进行其他清理工作。"

(2) 皮带没有停止便进行清理工作，自我安全防护意识不强。

(3) 输煤车间在工作中并没有严格按照相关规程执行。

3. 暴露问题

(1) 在工作中不严格执行规章制度。

(2) 贯彻事故通报、落实防范措施上不深、不细。

4. 防范措施

(1) 在全厂范围内开展安全大检查，举一反三，堵塞漏洞，进一步完善安全保障制度，确保不再发生人身伤害事故。

(2) 对燃料运行工进行培训，考试合格后方可上岗。

(3) 对职工进行遵章守纪教育，严格执行规章制度。

(4) 在事故现场挂事故警告牌，做到警钟长鸣。

4.42　某发电厂燃料车间人身死亡事故

1. 事故经过

1990 年 2 月 22 日，某发电厂燃料车间运行二班值后夜班，1 时 20 分启动输煤系统上煤。2 时 30 分，集控值班工崔某发现甲 1 号皮带和甲碎煤机电流晃动，便停运甲 3 号皮带，连锁停甲 1 号给煤机，1、4 号甲皮带和甲碎煤机停运。此时，在集控室代班的副班长杨某将情况汇报给交接班室的班长杨某，又电话通知甲 4 号皮带值班工庄某后，就同 2 个民工赶到碎煤机处。随后班长杨某带领值班员李某等 2 人赶到现场，检查为煤湿，且有大块，大量的煤经甲 1 号皮带涌入甲碎煤机造成堵煤。杨某和马某打开碎煤机后部落煤筒上的检修门（400mm×800mm）放出上部堵煤后，杨某继续在检修门处用 8m 长的圆钢棍桶碎煤机中的堵煤，庄某在旁用电筒提供照明。待堵煤基本疏通后，约 3 时 35 分，杨某叫人给集控打电话通知解除连锁，启动碎煤机。后，杨某又看到碎煤机内有几块大煤，便跳进碎煤机去取煤块。集控值班员杨某接电话后，让崔某解除连锁启动碎煤机，崔某按平时习惯按两次警铃后，按第三次警铃的同时启动碎煤机（碎煤机间的值班人员称只听到一声警铃），导致杨某不幸被卷入碎煤机内，当场死亡。

2. 事故原因

杨某跳进碎煤机内取煤块，未与值班员打招呼，启动前碎煤机值班员未进行现场检查。

3. 暴露问题

（1）职工安全意识不强，安全意识淡薄，缺乏自我保护能力。

（2）安全责任制不落实，班组安全管理薄弱，尤其是各运行班组，没有认真开展事前危险点分析。

（3）习惯性违章没有从根本上杜绝，杨某本人严重违章，其根源还是在班组。

（4）安全培训、三级教育等没有注重实效，没有真正理解，理论脱离实际。

4. 防范措施

（1）严格执行《安规》，加强转动设备的安全管理。

（2）加强班组安全工作，夯实安全基础，提高其安全素质，增强自我保护能力。

（3）认真组织学习《安规》，要闭卷考试，同时要求学以致用，理论联系实际，要在生产实践中不违反规程，确保人身和设备安全。

（4）要加大反违章考核力度，发现违章操作要从严处理，确保安全生产。

4.43　某发电公司人身死亡事故

1. 事故经过

2006 年 3 月 9 日，某发电公司一期储煤场输煤作业现场进行斗轮机检修过程中，工作负责人侯某口头通知输煤运行班长试转 A 斗轮机，运行班长即通知斗轮机司机启动斗轮机空转。12 时 38 分，燃料队队长让侯某带贺某（死者，非本工作班成员）到斗轮机检查螺栓紧固情况，2 人到斗轮机后打手势示意司机斗轮机停止运转，未向其作任何交待便进入该斗轮机的斗轮中紧固螺栓。13 时左右，司机崇某想到接班时交待斗轮机要一直试转，欲重新启动斗轮机，便走出驾驶室查看斗轮机附近没有人，先按启动警铃（约 10s），随后便启动斗轮机，造成在斗轮内作业的贺某死亡。

2. 事故原因

事故直接原因是斗轮机司机没有确认斗轮中紧固螺栓的2名工作人员是否已离开便自行启动斗轮机。事故主要原因是工作人员没有严格履行工作票押回手续，口头通知开始斗轮机试运行，工作票执行不严。同时，从试运转再次转入检修也没有采取安全措施，没有许可就开始作业。事故的间接原因，一是检修公司安全管理不到位，工作票制度执行不严，随意更换工作班人员，没有注意危险因素分析和工作衔接；二是负责一期输煤系统运行工作的电厂托电运行项目部安全管理工作滞后，忽视对人员的安全教育和培训，执行工作票制度不严，存在盲目操作现象；三是托电公司作为业主单位，对项目的监督管理有漏洞，没有及时发现和纠正外委项目部在执行《电业安全工作规程》存在的问题。

3. 暴露问题

（1）"安全第一，预防为主"的思想树立不牢固，对各项安全生产规章制度贯彻落实不好，反事故措施不力。

（2）工作人员安全意识淡薄，习惯性违章对事故失去警惕性，操作者不了解危害和后果，以至造成事故。

（3）安全管理工作不严不细，对有关斗轮机的安全措施没有认真组织落实。

4. 防范措施

（1）认真执行工作票制度。

（2）工作时严格按《安规》规定执行，杜绝违章作业。

4.44 某发电公司厂内铁路交通事故

1. 事故经过

2011年10月2日，某发电公司输煤运行四班后夜班，1～3

号翻车机值班员及李某前往值班地点接班。2 时 10 分，牵车值班员陈某前往铁牛操作室进行牵车操作。当陈某检查至倒数第 5 节车皮时，发现该车皮与倒数第 4 节车皮未挂住。陈某检查第 5 节车皮钩无异常后继续走向第 4 节车皮检查车皮挂钩，发现李某躺在倒数第 4 节车皮下两轨道中间。约 2 时 50 分，李某被救护车送往当地医院，经抢救无效死亡。

2. 事故原因

牵车值班员李某未走正常路线穿越铁路，恰遇空车皮出车发生挤撞。

3. 暴露问题

（1）反违章行动开展不够扎实、到位，对违章行为的考核力度还不够。

（2）虽有天桥及正常通道，但该地段没有围护栏，安全措施不完善。

（3）个别人员安全意识淡薄。安全培训教育未达到效果。

4. 防范措施

（1）在铁路线旁加装信号灯，翻车机推出空车皮时装报警装置。

（2）加装警示牌，杜绝习惯性违章。

第5章 输煤典型火灾事故汇编

1. 事故经过

1991 年 10 月 1 日，某电厂 1 号卸船机由于气割立柱上端的锈死螺栓起火，在钢结构内烧了近 2h，造成直接经济损失 22.7 万元。

10 月 1 日上午，机修组负责人带领该组 8 名成员登上卸船机作检修质量检查，并进行试运转，发现转角下垂直皮带的 2 只裙边压轮位置不当，阻碍了皮带运转。由于螺丝锈死，难于拆下，采用气割，结果割下的高温螺栓头引燃了下部沉积的煤粉屑。卸船机立柱是钢筒式结构（类似烟囱），火势蔓延，消防人员只能用高温龙头和汽油泵抽水向立柱外壳喷水，并用 4 把水枪控制火势。

2. 事故原因

（1）点火源。气割使烧红的螺栓头掉落所致。

（2）引燃物。垂直皮带下滚轮刮板周围长期沉积有煤粉屑，部分煤粉屑又沾上检修时的油垢、棉纱头等，烧红的螺栓头使其引燃。

（3）卸船机的垂直皮带不是阻燃皮带，容易燃烧，加上立柱上下周围构架上堆积的煤粉屑，在下层着火的煤粉屑的引燃下，均成火势蔓延的燃烧物。

（4）未能迅速扑灭的原因。

1）着火点在上下垂直皮带中间，距人孔门约3m，打开人孔门，前面有皮带，两侧有铁板，裙边隔着，灭火泡沫浇不到火源。

2）着火点在立柱铁筒内的下部，立柱相当于烟囱，着火后立柱壳位变红，人无法靠近火区，消防水打不进密封的柱体内。

3）按规定应办动火工作票，但工作人员安全意识淡薄，认为以往在卸船机上动火多次，均没有发生火警，由此对防火措施不够重视。

3. 防范措施

（1）加强安全规程的教育和监督，执行动火工作票制度，采取可靠的防火措施，以防患于未然。

（2）在检修输煤设备时，动火前应打扫沉积在内部的煤屑、煤粉杂物等，加强防火监护，准备足够的灭火器材。

（3）研究装设卸船机上的灭火设施。

（4）卸船机上特殊的斗式输煤皮带应尽可能采取阻燃型。

（5）消防人员每年进行两次消防演习，检验消防设施的完善程度和消防人员的应急能力。

（6）加强消防设施的管理。

5.2　某热电厂煤粉自燃火灾事故

1. 事故经过

1990 年 3 月 6 日 10 时 45 分，某热电厂启动 7 号皮带上煤。皮带启动后值班员闻到臭胶皮味，即用事故按钮停机检查，并向班长报告，检查未发现异常。11 时 30 分值班员又闻到有胶皮味，并发现 7 号甲皮带背面沾有煤粉，再次向班长报告，班长指示把皮带空转 2～3min。11 时 40 分，班长告诉车间技术员 7 号甲皮带煤粉可能自燃，技术员要求用暖气水冲一下。12 时停机后，全班人员下岗休息，班长告诉车间运行副主任 7 号皮带有自燃现象，副主任要求班长赶紧处理一下，但实际未进行任何处理。14 时 10 分，发现 7 号皮带栈桥下第 4 个窗口有火光，立即报警，于 15 时 30 分将火扑灭。

此次事故，烧毁皮带 220m，电缆 18 根共 1008m，控制电缆 64 根共计 3594m，烧坏磁铁分离器、电动机、皮带钢架等。

2. 事故原因

（1）输煤除尘、冲洗装置因设计、设备、安装等原因未与主体工程同时投入使用，致使煤粉沉积过多，发生自燃。失火后因没有消防给水（冬季防冻而停运），只好用暖气水灭火，给灭火工作带来了困难，加重了火灾损失。

（2）管理不严，在新厂建成后，没有相应制定新的消防规章制度。

（3）防火意识淡薄，对煤粉自燃能引起火灾，有关领导及岗位人员认识不足。火灾事故前，值班人员、班长、技术员、副主任已意识到煤粉自燃，既未及时处理，又未向厂领导汇报，导致该火灾事故的发生。

3. 防范措施

（1）开展安全检查活动，防火灾、除隐患、反事故。
（2）恢复冲洗水源，每天启动消防水泵冲洗积粉。
（3）完善输煤系统的消防水、冲洗水和除尘设备。
（4）对输煤设备特别是输煤槽进行改进，减少系统漏煤。
（5）制定消防安全规程制度。

5.3 某电厂输煤栈桥火灾事故

1. 事故经过

1992 年 1 月 15 日 5 时 40 分，某电厂 3 号输煤栈桥着火，火势猛烈，经丰镇市和电厂消防队扑救，于 6 时 10 分扑灭。经检查，甲、乙侧 1.2m 宽的皮带共烧毁 400m，皮带钢架全部变色，有 130m 变形，磁铁分离器及金属探测器各 2 台均报废。两侧皮带驱动滚筒表面衬胶熔脱，托辊轴承损坏 60 个，高、低压电缆烧坏约 800m，6 个低压配电箱烧毁，栈桥及碎煤机楼玻璃烧炸 200m^2，钢窗全部变形，墙皮和楼顶混凝土在高温作用下局部剥落。直接经济损失近 50 万元，少送电量 510 万 kW·h。

2. 事故原因

（1）3 号乙侧皮带上存煤与煤粉堆积时间较长引起自燃。

（2）有关运行人员存有违章操作、劳动纪律松懈等一系列问题。当天运行班定员 23 人，只有 6 人上班，其中 1 人酒醉沉睡，仅 5 人上岗。接班前未巡查设备，3 号皮带机头、机尾均无人值班，皮带起火未能及时发现，以致火灾扩大。

3. 防范措施

加强劳动纪律，杜绝违章操作，不准停止重车运行的皮带。要定期巡视检查运行设备，发现皮带上有火种必须消除，不准将清洗后的煤、粉尘铲到皮带上。

5.4　某热电厂输煤栈桥积粉自燃导致重大火灾事故

1. 事故经过

1989 年 1 月 6 日 1 时，某热电厂燃料分场运行三班接班时输煤 6 号乙皮带运行，甲皮带备用。

接班值班员接班前检查设备时发现 6 号乙皮带尾跑偏，并发现距导料槽出口约 30m 处靠甲皮带侧地面台阶上有煤粉自燃，即向集控室汇报，并将地面着火煤粉扑灭，清理到运行的皮带上。接班后，班长派一值班员到 6 号尾部接岗，并告知皮带跑偏。该值班员看到皮带跑偏更加严重，于 2 时 20 分打电话向集控室汇报，并要求检修人员处理。检修人员检查认定是滚筒粘煤所致，3 时 15 分，皮带停止运行，值班员清理滚筒粘煤。5 时 40 分，启动 6 号皮带第二次上煤，皮带仍跑偏并越发严重，同时闻到胶皮味，接着又发现栈桥尾部顶棚有火光，看到甲皮带出口距导料槽约 4～5m 处皮带工作面上着火，火带宽约 1m，长约 0.3m。6 时 50 分，负责人员接到报警电话后，立即组织人员救火。

这次大火烧毁 6 号甲、乙两条皮带（364m）和全部皮带架，以及其他设施，2 台 200MW 机组减出力（烧油）运行。

2. 事故原因

（1）火灾的直接原因是管理不善造成 6 号皮带积粉自燃。

（2）由于没有认真贯彻执行设备定期轮换、试验制度，备用皮带积粉得不到及时清理。

（3）该热电厂燃用煤种是褐煤，挥发分为 40％～60％，易自燃。在 6 号甲皮带备用期间，多次用乙皮带上已经自燃的煤、高温粉尘从导料槽喷出，落到备用甲皮带上，加剧了备用皮带的积粉自燃。

3. 火灾扩大的原因

（1）消防水系统在事故时没有起到作用。

（2）清扫积粉不及时、不彻底。

（3）煤粉自燃认识不足，没有采取针对性的防火措施。

（4）没有使用阻燃皮带。

4. 暴露问题

（1）基建移交生产时，没有坚持"三同时"的原则，基建尾工多。

1）该热电厂六期扩建以后，输煤系统粉尘浓度严重超过国家环境卫生标准。

2）除尘设备不能发挥作用。

3）水冲洗设备始终没有达到移交和使用的条件，以致地面积粉很难及时清理干净，粉尘二次飞扬严重。

（2）某些设计问题给运行和事故处理带来困难。例如 5 号皮带与 6 号皮带落差大，造成 6 号皮带处粉尘浓度较高；消防水系统有问题，很难依靠水箱静压来实现消防等。

5. 防范措施

（1）认真贯彻部颁各项有关规定、要求，切实重视燃料运输工作，加强火电厂燃料分场的综合治理。

（2）认真落实岗位责任制。对停运的设备必须坚持认真巡回检查，做好备用设备的定期轮换、试验，禁止皮带上部积存原煤和煤粉。

（3）保证消防水系统、消防器材良好、随时可用，定期检查试验，严格交接。

（4）检查本单位输煤皮带所使用的材料，根据情况采用相应的防火措施，燃用挥发分较高煤种的单位，应选用阻燃皮带。

（5）加强对职工的防火知识教育，培训运行和检修人员熟悉消防系统、消防知识及救火操作方法。

5.5　某电厂输煤栈桥烧塌事故

1. 事故经过

1989 年 2 月 5 日 4 时 50 分，某电厂 10 号输煤栈桥发生特大火灾，120m 栈桥被烧塌，660m 皮带、11 000m 不同规格的电缆和栈桥内附属设备被烧毁，致使 2 台 350MW 机组，一台被迫停运，另一台靠烧余煤和重油维持低负荷运行，直接经济损失约 200 万元。

2. 事故原因

（1）事故直接分析。在现场检查中发现，10 号 A 皮带拉紧装置上部南侧的导向滚筒东端轴承座在受力方向严重磨损，该处有部分金属熔化，外壳破碎。由于轴承座的破碎，导向滚筒掉落时，将西端的轴承座拉碎，滚筒脱出轴承座掉在栈桥底板上。高达 1000℃ 以上的导向滚筒轴头埋在栈桥底板上积存的煤粉中，可能将着火点为 410℃ 的煤粉引燃。导向滚筒掉落后，运转中的皮带与拉紧皮带进口的槽钢接触，在皮带拉力的作用下，槽钢和槽钢上的钢板被拉翘起，与皮带直接摩擦，使其过热，温度高达 600℃ 以上的钢板可能将煤粉引燃。

（2）火灾扩大原因。在皮带着火后，火焰的热量烤着了安装在皮带上方 1.5m 处的 10 号 A、B 电动机的不阻燃操作电缆，继而引起 10 号 B 皮带运转，使 6.3kV 电缆短路，强大的弧光和气浪，加剧了火势的发展。其次，10 号皮带的栈桥采用轻型钢结构，人字形支撑，在火灾时钢架被烧变形扭曲，栈桥倒塌。

3. 暴露问题

（1）生产管理方面。

1）电厂的安全生产第一责任人不明确，安全工作无人管，抓得力度不够。

2）对输煤系统过去发生的故障没有直接认真分析研究对策，措施不力，没有真正做到"四不放过"。

3）输煤系统的规程制度不健全，没有明确的巡回检查规定。

4）转运站及皮带走廊积粉较多，没有清扫制度。

5）岗位责任制没有落实。

6）表现在设备维护保养方面的问题较多。

7）输煤系统领导力量薄弱，运行人员素质差，责任心不强。

（2）设计及设备方面。

1）整个输煤栈桥内无消防系统，无烟温报警和消防设施，致使火灾发现和扑灭不及时。

2）防尘措施不完善，皮带落煤口密封不严，除尘装置效果不良。

3）水喷雾装置一直未投入运行。

4）输煤系统照明严重不足。

5）真空清洗车与管道连接的接口不配套，严重影响真空车的使用。

6）轴承设计有问题。

（3）安装方面。

1）多次发现轴承窜轴现象，属于受力不均。

2）水喷雾装置，施工单位未按规定移交使用。

3）皮带跑偏严重。

4. 防范措施

（1）切实落实安全生产责任制，首先要落实好电厂安全生产的第一责任者。

（2）组建燃料部，将输煤的运行、检修和维护工作统管起来，明确职责，搞好输煤工作。

（3）搞好设备维修。

（4）加强运行人员的培训，提高运行人员的素质。

（5）对电厂整个工程和输煤系统，要与当地消防部门共同检查研究，采用可行的技术措施确保安全。特别要落实好岗位责任制的巡回检查制，做到每台设备都有人负责，定期考核，持之以恒。

（6）立即配备临时工，清扫输煤系统的积粉，把清扫工作列入交接班内容，不合格不交班。

（7）抓紧完成输煤系统的工程尾工和完善工作，着重解决输煤栈桥内烟温报警、消防设施和输煤系统的照明工程等。

（8）对火灾中暴露出的设计、设备上存在的问题，与技术厂商进行交涉，尽快解决。

5.6　某电厂输煤皮带重大火灾事故

1. 事故经过

1992 年 6 月 10 日 21 时 45 分，某电厂 4 号乙侧皮带头部因布袋除尘器积粉自燃下落着火，烧坏输煤皮带和部分皮带托辊架。一孔钢结构栈桥因遇高温，强度降低失稳塌落，造成了 2 台机组被迫停运 189h 的重大事故。

当天 16 时 30 分，燃运二班值前夜班。因 4 号乙侧皮带头部落煤桶漏煤严重，就将乙侧皮带切换为甲侧皮带运行。20时 40 分，各煤仓上满，停止皮带运行，当时 2 台 200MW 机组带 400MW 负荷运行。

约 21 时 40 分，一民工发现 4 号皮带着火，急忙报告机车值班调度员。21 时 58 分厂消防队赶到现场，22 时 2 分，一孔钢结构的栈桥塌落。由于输煤系统着火，1、2 号机组分别于 22 时 14 分和 22 时 20 分停运。

2. 事故原因

该火灾事故的火源是由 4 号皮带乙侧头部的布袋除尘器吸尘罩碟阀后回粉管处积粉自燃引起的。自燃的煤粉落到皮带上使之着火。

（1）布袋除尘器安装后，经反复调试不能正常投运，1991 年 3 月被迫搁置，长期不用，吸尘罩碟阀后回粉管内积存煤粉，因燃煤的挥发分高，极易自燃。

（2）皮带架及底面清扫不干净，有积粉。输煤皮带为非阻燃的橡胶钢丝带，着火后燃烧迅速，发热量高。

（3）4号皮带值班人员不按制度巡回检查设备，并且严重违反劳动纪律脱岗外出，致使积粉自燃的重大火险未能及时发现，酿成了火灾。

3. 暴露问题

（1）有章不循，规章制度不落实，致使一些事故苗头未能及时发现，未做到防患于未然。

（2）劳动纪律松懈，岗位责任制未落实。

（3）对煤质易自燃的危害性认识不足，对不适应生产需要而长期搁置的设备影响安全生产的危害性认识不足，没有采取相应的有效防范措施。

（4）分场、班组两级领导不力，放松管理，也是这次事故发生的重要原因。

5.7　某发电厂输煤皮带火灾事故

1. 事故经过

1994 年 4 月 8 日 13 时 30 分左右，某发电厂燃料分场 2 号转运站底部-11m 处，由厂多经公司检修队承包更换落煤筒。此时，在 3 号 A 落煤管平台上切割螺栓的一名检修工闻到一股烟味，经检查发现正在焊接的 3 号 B 落煤管口下方的皮带着火并在蔓延，立即喊其他检修工一起救火。此时工作负责人赶到，立即报警，大火 1h 后被全部扑灭。

2. 事故原因

经现场调查分析，认为此次火灾的起火原因是高温焊渣溅落在可燃的皮带上致使皮带着火，造成火灾，是一起违章作业的责任事故。

3. 防范措施

（1）要加强对职工的安全生产教育和技术培训，提高职工的安全生产意识和防止事故发生的能力。切实加强全厂的消防工作，增强全厂职工的防火意识。

（2）要严格执行防火等各项安全生产规章制度，强化规章制度执行中各重要环节的监督和检查，严查习惯性违章作业。

（3）加强外包工程、临时工、特殊工种的安全管理，坚持特殊工种必须持证上岗，严禁以包代管。

（4）切实做好消防设施及器材的管理，做到设施性能完善、器材配备充足，使其处于良好的备战状态。

5.8 某电厂煤粉仓爆炸事故

1. 事故经过

1990 年 11 月 22 日 20 时 12 分，某电厂 1 号炉煤粉仓发生严重爆炸事故，1 号发电机组由 200MW 甩负荷至 30MW，21时 55 分被迫停机，23 日 11 时 50 分停炉。

煤粉仓爆炸后，粉仓盖板（9m 长，80cm 厚）有两块掀开；整个水泥顶面震碎大约 100m²；吸潮管（$\phi159$）从法兰处断裂，绞龙在爆裂处严重弯曲；4 个防爆门有 3 个爆破，5 号皮带（甲侧）架子严重翘起，皮带断裂。

2. 事故原因

初步分析煤粉仓爆炸的主要原因是设计和基建施工中粉仓顶部的槽型盖板与梁的搭接处留下槽型死区 20 多处，在顶部容易积粉自燃。又因该电厂燃烧大同煤种，挥发分高达38％，容易在粉仓内产生可燃气体，粉仓严密性差，空气进入粉仓达到爆炸极限而爆炸。

3. 防范措施

（1）设计、施工中要注意粉仓不留积粉死角，确保粉仓筒壁的光滑性。钢结构的筒壁注意保温，防止粉仓筒壁结露挂粉，结焦自燃。

（2）基建和检修完的粉仓应做严密性试验，防止空气和水潜入粉仓，注意粉仓顶部盖板与梁的结合面，吸潮管与顶部交接处，绞龙通向粉仓、人孔门等处的严密性。

（3）严格执行电力工业技术管理法规有关规定，制定检修、运行维护措施，严格执行磨煤机入口和粉仓温度，建立健全定期检查制度，做到发现问题及时消除。

（4）运行中应采取定期降粉制度，停炉检修如超过3天应先将粉仓烧空。

（5）为防止停炉时空气从吸潮管进入粉仓，吸潮管阀门由手动改为电动。

5.9　某电厂4号皮带烧损事故

1. 事故经过

1979年10月14日23时50分，某电厂4号甲皮带落煤点起火。该班接班后进行上煤于15时停止，20时50分第二次上煤，22时停止。专责高某脱离岗位，在23时50分出来闻到胶味较大，没有认真检查就电话通知集控空转4号乙侧皮带。后发现4号甲侧皮带和电缆线火势很大，火势蔓延到乙侧皮带，造成甲、乙侧皮带全部烧损。

2. 事故原因

专责高某脱离岗位2h之久，未进行巡回检查，违反劳动纪律，是这次事故的主要责任者。

5.10　某电厂输煤 5 号皮带火灾

1. 事故经过

1982 年 4 月 4 日 19 时 40 分，某电厂皮带值班员从 48m 平台顺 5 号皮带中间过道边走边检查，到 0m 未发现异常。20 时 45 分，电气值班员发现 45m 处冒烟并有异味，当即打电话报告情况。随即检查发现 5 号皮带甲乙两侧均在燃烧，火势很大。厂消防队和区消防队相继赶到，22 时 10 分将火扑灭。5 号皮带起火点是除尘器吸尘罩下的皮带。

2. 事故原因

该火灾系煤粉自燃引起，起火点在 5 号乙侧皮带首端除尘器吸尘罩下面的皮带上，所以自燃初期不易发现。值班员对此部位未进行认真检查，值班人员责任心不强，纪律松散，运行管理工作差，消防设施不全等一系列原因是事故扩大的主要原因。

值班员未进行认真的交接班及当班设备检查，对该次事故应负主要责任，当值值长离岗去吃饭，初次失去指挥，对这次事故应负扩大责任。

3. 防范措施

（1）保证皮带上不存放积煤。

（2）完善消防设施。

（3）更换成阻燃皮带。

（4）加强教育，严格执行岗位责任制。

5.11　某电厂输煤皮带火灾事故

1. 事故经过

2009 年 4 月 18 日下午 17 时 50 分，某电厂 30 万 kW 机组

输煤设备停止上煤。20 时 45 分，输煤值班员发现 6 号皮带头部有烟冒出，立即通知输煤运行班长检查。灭火人员发现 6 号乙侧皮带从重锤间到头部已经烧完，甲侧皮带从重锤间向头部燃烧。21 时 35 分将火扑灭。由于短时间无法上煤，3、4 号机组降负荷运行，联系中调于 23 时 06 分将 3 号机组负荷降至零与系统解列。

此次火灾烧毁皮带 260m（全长 420m）。甲侧皮带托辊支架部分损坏，电缆烧损共计 3000m。6 号皮带栈桥中部照明损坏，控制电源开关箱部分损坏，部分消防栓和火灾报警烧毁，栈桥窗户损坏 16 个。

2. 事故原因

经过排查分析，初步认定为 6 号皮带乙侧头部积煤自燃引起皮带着火。

3. 暴露问题

（1）安全意识淡薄，运行人员巡视检查不到位，未能及时发现火灾隐患。

（2）没有建立输煤皮带停止上煤期间的巡视检查制度，管理有漏洞。

（3）输煤集控运行人员对工业电视画面监控不认真，没有发现现场的异常情况。输煤集控运行人员和检修人员对输煤系统工业电视的功能未能完全掌握，6 号皮带着火时未能对着火前现场情况进行录像保存。

（4）基建工程按当时防火设计规范，没有设计输煤喷淋灭火系统，只在头部和尾部分别加装了 6 道水幕，但中部没有加装。水幕只能起到延缓和阻挡火势蔓延的作用，且数量较少，存在设计缺陷。因输煤消防区域机与集控主机通信故障，所以主机无法显示输煤系统的报警和故障点，运行人员对输煤配电室手操控制和就地手动操作不熟练，致使消防水幕均未开启。

（5）输煤各级人员防火安全意识差，岗位防火责任制和安全防火措施没有落实到位。

4. 防范措施

（1）严格落实安全生产责任制，加强运行人员巡视检查，保证巡回检查质量。

（2）制定停止上煤期间的巡视检查制度，输煤皮带停止上煤期间，应坚持巡视检查，发现积煤、积粉应及时清理。特别是在皮带长时间停运时皮带上不得存煤，并在停运前将所有通到皮带上部的落煤管、落煤斗和除尘用的通风管内的积煤清理干净，防止自燃。

（3）严格执行设备定期试验、轮换制，输煤设备上的连锁、闭锁、拉线开关、事故按钮等按规定时间试验，达到可靠好用。严格执行输煤系统定期清扫制度，清扫的积煤、积粉不准放到停运的皮带上。要完善转动机械、输煤机械设备检修清扫停、送电联系制度，按规定定期对电缆、开关箱进行防火检查及对煤粉清扫，防止发生电气设备着火。

（4）加强生产现场的治安巡逻和生产厂区的出入管理，防止外部闲散人员进入。

（5）加强运行人员的培训，对消防设施、灭火器等要会使用，认真进行交接班检查，保证消防设施随时可用。根据电力行业火灾抢救的特点制定相应的消防应急预案，以便发生火灾时及时扑救。

（6）熟练掌握生产现场的工业电视监视设备所具备的功能，起到安全监护作用。对全厂电视监控系统进行全面检查，对不能监制的点进行检查维护，保证运行良好，运行人员要加强监控，发现问题及时汇报、处理，防止事故扩大。

　　（7）输煤皮带输送系统增加喷淋灭火系统，并建立定期维护检验制度，有人管理、有人值班。全厂的消防系统、器材要定期检查、试验，有缺陷的要尽快修好以备使用，平时不准任意解除消防系统。

第 6 章　输煤典型设备损坏事故汇编

1. 事故经过

1982 年 12 月 30 日 11 时 20 分，某电厂 11 号皮带运行，双侧叶轮给煤机投入运行，值班员发现叶轮给煤机突然振动，皮带向前方右侧跑偏并漏煤，立即停止皮带，发现皮带右侧距边缘 200mm 处划裂 24m。

2. 事故原因

煤质不良，渗入大量石块，双侧叶轮给煤机高度为 280mm，遇有高度大于 280mm 的石块不能通过，卡在皮带与叶轮给煤机之间，皮带向前方运动，被卡住的石块划破。皮带速度为 2m/s，发现叶轮给煤机振动后停止皮带运行需要 12s。

3. 防范措施

（1）降低 11 号皮带高度。

（2）加强煤质管理，杜绝"三大块"。

6.2　某电厂输煤 3 号甲皮带运行中被脱落托辊刮损

1. 事故经过

1982 年 6 月 17 日 9 时，某电厂输煤系统 6、7 号皮带运行乙侧、1～5 号皮带运行甲侧皮带运行速度突然变慢，同时发现皮带刮开一条裂口。立即停止 3 号皮带查找，发现缓冲托辊轴架开焊，托辊轴脱落将皮带刮破 27.9m。

2. 事故原因

2～3 号煤落差近 11m，重力集中砸在第一组缓冲托辊上，支架受力较大，拉紧装置两槽钢架距大滚筒太近，因此脱落托辊被卡住将皮带划破。

3. 防范措施

（1）在第一组缓冲托架中增设一组缓冲托辊。

（2）在缓冲辊下加防护网。

（3）在缓冲托辊防护网前加清扫器。

6.3　某发电厂皮带问题对外限电

1. 事故经过

1984 年 1 月 26～27 日，气候变化，由于上煤系统不完善上煤期间温度急剧下降，在 1 月 26 日 3 时 30 分～4 时 20 分，2～4 号煤仓断煤。具体原因是 10 号皮带乙侧下煤筒被冻煤块卡死，不能迎接高峰负荷；1 月 27 日又因 8 号甲皮带尾部滚筒故障，乙侧斗轮机故障，一直上煤不正常，使锅炉煤粉下降造成降低出力运行。

2. 事故原因

（1）投产以来碎煤机、共振筛、翻车机不能投用。

（2）燃用小窑煤，煤块比例不合格，有时煤块过大。

（3）输煤系统不完善，当发生某一皮带故障时不能连锁，造成堵煤卡煤，扯皮带故障。

（4）除尘设备差，现场粉尘太大，值班人员检查困难。

3. 防范措施

（1）每季度由检修科负责组织有关人员研究输煤问题，并提出改进意见，尽快实现。

（2）加强燃煤设备缺陷管理，由车间负责。

6.4 某发电厂斗轮机皮带划破

1. 事故原因

斗轮机横梁与尾车皮带距离为 400～500mm。因电厂烧的小窑煤占 90%，煤块大，大块煤由悬臂皮带落到尾车皮带上，有些会卡在横梁与尾车皮带之间把皮带划开，划开皮带破口长 5、10、20m 不等。

2. 防范措施

（1）进煤粒度应有要求，煤块直径不能大于 300m，因大块煤中其他杂物划破皮带，燃料办应负主要责任，输煤部门只负扩大责任。

（2）在斗轮机的斗上顺着斗焊一块 10mm×100mm 的箅子，防止大块煤上皮带。

（3）在尾车导料槽上，斗轮机横梁前焊一根 $\phi20$ 的圆钢，起到堵煤的作用。

（4）悬臂皮带和斗轮机皮带值班工认真监视设备，发现皮带上有大块煤或其他损坏皮带的杂物应停止皮带拣出，发现划皮带立即停止皮带。

6.5 某发电厂烧坏 800kW 碎煤机电动机

1. 事故经过

1990 年 11 月 20 日 16 时 30 分，某发电厂运行一班白班，16 时 35 分上煤，起动甲侧碎煤机时电流达最大且不降，集控值班工停止甲侧碎煤机。后再次启动甲碎煤机，电流仍为最大，后值班工发现电动机冒烟，按事故按钮碎煤机也无法停止，灭火器灭火，于 17 时 10 分把甲侧碎煤机电动机的起火扑灭。事故后检查发现碎煤机入口有大量存煤，电动机烧坏不能用。

2. 事故原因

（1）碎煤机入口有大量存煤，碎煤机无法启动。

（2）碎煤机电动机的保护失灵。

（3）设备定期试验制度没有执行，所有事故按钮、电动机保护故障失灵。

（4）违反碎煤机运行的规定，碎煤机停运，入口不许进煤，碎煤机上完煤停止后，清除机内的煤和杂物。

3. 防范措施

（1）严格遵守碎煤机运行的规定，上煤时先启动碎煤机，上完煤后停碎煤机，碎煤机停运时，入口不许进煤。

（2）坚持执行设备的定期试验轮换制度，碎煤机的事故按钮、电动机的保护每月最少试验一次。

（3）碎煤机无法启动时，应检查碎煤机入口和碎煤机内部是否有煤或被什么东西卡住，把问题消除之后再启动。

（4）碎煤机转子和电动机的连接可以采用液力耦合器连接。

6.6 某发电厂碎煤机电动机烧坏

1. 事故经过

1981年5月21日10时25分，某发电厂运行三班用系统甲侧上煤，在正常上煤的情况下，10时48分，碎煤机值班工发现碎煤机声音不正常，看电流表电流值超过规定值，立即停碎煤机但停不下来，电动机已经冒烟，给电气打电话停甲侧碎煤机电源。但此时电动机已烧坏，11时用灭火器把电动机的火扑灭（该电厂输煤是就地启停，就地监视）。

事故后发现 3 号甲侧皮带尾堵有大量的煤，2 号甲侧皮带上也有煤。

2. 事故原因

（1）3 号皮带尾堵煤，皮带滚筒包胶为无花纹，皮带速度慢（无速度信号），造成煤由 3 号甲侧皮带往下煤臂里直至堵到碎煤机。3 号甲侧皮带导料槽挡煤皮带大（两块挡煤皮带中间距离窄），碎煤机来的煤 3 号甲侧皮带不能全部带走，造成 3 号甲侧皮带尾部溢煤直至溢到碎煤机里，碎煤机是反击式碎煤机，超负荷不能转动。

（2）碎煤机的停止开关和事故按钮都失灵，碎煤机值班工发现碎煤机电流增大太晚，3 号皮带值班工发现 3 号皮带尾溢煤太晚。

（3）碎煤机电动机保护失灵。在碎煤机里有煤不能转动的情况下，电动机的保护未跳闸，烧坏电动机。

3. 防范措施

（1）皮带值班工和碎煤机值班工应认真监视设备，发现异常应立即停止设备。

（2）输煤皮带导料槽的挡煤皮带不应太宽，否则会影响皮带出力造成堵煤，挡煤皮带距不小于皮带宽度的三分之一为宜。

（3）严格遵守碎煤机运行的规定，上煤时先启动碎煤机，上完煤后停碎煤机。碎煤机停运时，入口不许进煤。

（4）坚持执行设备的定期试验轮换制度，碎煤机的事故按钮、电动机的保护每月最少试验一次。

（5）碎煤机无法启动，应检查碎煤机入口和碎煤机内部是否有煤或被杂物卡住，消除问题后再启动碎煤机。

（6）碎煤机和电动机可以采用液力耦合器连接。

6.7　某电厂四期甲碎煤机电动机故障

1. 事故经过

2011 年 3 月 9 日 23 时 30 分，某电厂四期输煤甲侧碎煤机无法启动，通知电工班检查。0 时电工班值班人员测量甲碎煤机绝缘，B、C 相对地为零，A 相对地 2MΩ。3 月 11 日 1 时 39 分工作结束，试转正常，投备用。检查情况如下：

（1）电动机解体发现内部有积水。转子笼条有一根断条（两头全断，一端有约 2cm 的缺口，另一端笼条与短路环有裂纹），转子铁芯硅钢片损坏，燕尾槽口多处脱落，有一处将笼条全部外漏。线圈端部有两处烧损痕迹，线圈端部有进水痕迹，铁芯有发白锈斑。

（2）电动机保护动作情况。3 月 9 日 23 时 2 分 0 秒启动甲侧碎煤机无法启动，负序保护出口跳闸；23 时 2 分 14 秒、23 时 2 分 59 秒、23 时 4 分 51 秒启动甲侧碎煤机仍然无法启动，三次均为速断保护出口跳闸。

2. 事故原因

（1）保洁人员用水冲洗甲碎煤机电动机上方电缆桥架、滚轴筛及电动机本体后，造成电动机进水，导致定子线圈绝缘受潮，在电动机启动时短路烧损。

（2）电动机跳闸后，输煤运行人员在未查明原因的情况下启动电动机，使故障电动机继续遭受短路电流冲击。

3. 防范措施

（1）任何人员在冲洗地面时不得往电气设备上冲水。

（2）输煤检修结合现场实际情况做防护措施，防止现场水冲洗时将水溅到电动机本体。

（3）输煤运行应加强人员的专业技能培训工作，在设备跳闸后应查明原因，特别是在保护动作设备跳闸后应通知相关人员进行检查，否则禁止启动跳闸设备。

（4）电气检修队要定期解体检查电动机，吹灰清扫。

6.8 某电厂四期输煤 7 号乙皮带撕裂

1. 事故经过

2009 年 9 月 2 日 20 时 10 分，某电厂四期运行五班启动系统乙侧设备，2 号斗轮机取煤。21 时改用 3 号煤场取煤，23 时集控员发现 7 号乙皮带电流指示剧增，立即停运 7 号乙皮带并进行检查，发现皮带从接头处撕裂约 30m。

2. 事故原因

上煤时未及时发现接头起皮，造成与托辊勾挂从而引起皮带撕裂。

3. 防范措施

（1）皮带值班员在启动皮带前或运行过程中要加强巡回检查，严密监视皮带接头是否完好。

（2）集控值班员要严密监视皮带机电流变化，发现异常应及时停运，以免事件扩大。

6.9 某电厂一二期输煤 2 号斗轮机轮斗轴断裂

1. 事故经过

2009 年 10 月 24 日前夜，某电厂一二期输煤运行一班当班，接班后联系值长安排 1 号斗轮机 2 号煤场取煤。21 时 24 分，斗轮机司机汇报集控 1 号斗轮机回转不动，班长通知电检班处理。因当时煤位较低，值长通知改变运行方式，改用 2 号斗轮机 4 号煤场取煤。23 时 50 分，斗轮机司机发现轮斗振动，立即停止设备，发现挖取到一石块且已掉落。经检查轮斗无异常情况，启动设备时轮斗无法启动，斗轮司机汇报当班班长。班长联系检修处理，并汇报专业值班领导。检修人员对一二期 2 号斗轮机轮斗检查，发现轮斗大轴断裂。

2. 事故原因

（1）2 号斗轮机取用煤场底层煤、石大块多，轮斗挖住大块后，造成轮斗不转。

（2）该轴 2006 年 5 月曾返设备厂家修理，同年 11 月 2 日重新安装，轮斗轴在修复后可能存在缺陷。

（3）交由生产部金属实验室检测轮斗轴修复后材质是否达到要求。

3. 防范措施

（1）斗轮机司机在启动斗轮前或运行过程中要加强对设备的巡回检查，严密监视轮斗的运行工况。

（2）应建立完整合格的设备返厂修复后回厂安装使用的检测和检验体系。

附录　反习惯性违章

一、基本概念

1. 习惯性违章

是指固守旧有的不良作业传统和工作习惯，违反安全工作规程的行为，是一种长期沿袭下来的违章行为。习惯性违章的表现形式有多种，按照违章的性质来划分，可分为习惯性违章操作、习惯性违章作业、习惯性违章指挥。预防习惯性违章人人有责。

习惯性违章是诱发事故的土壤和温床。据有关资料统计，电力企业 80% 的责任事故是由于习惯性违章所引起的，而由于"三违"原因造成的事故占事故总数的 70% 以上，可见反习惯性违章工作必须坚持常抓不懈。

2. 安全生产工作"三级保证（联保）"

"三级保证（联保）"是指个人保班组、班组保部门（或车间）、部门（或车间）保电厂（或公司）。

3. 班组安全联保制度

以班组或值为单位签订安全联保合同，要求"班组保一人，一人保班组"，班组成员之间互相监督、互相提示、互相保护，一人违章全班组（或检修、运行作业小组）受罚，无人违章，全班组授奖。建立班组安全联保制度能够形成一种群众性的监督局面，每个班员的切身利益都与其他班员是否发生习惯性违章息息相关。实行班组安全联保制度会极大地增强职工的安全责任感，使班组形成一种齐心合力惩治和根除习惯性违章的氛围。

二、习惯性违章的具体表现

1. 违章指挥

（1）指派未经该项作业安全操作培训，并且未取得合格证的人员上岗作业。

（2）指派无证人员从事特种作业或要求职工操作非本专业管理的设备。

（3）要求员工使用无安全保障的工具及设备。

（4）要求员工进入无安全保障的场所作业。

（5）责令员工拆除运行设备的安全防护装置。

（6）在现场发现工人作业中的违章、违纪现象不予及时制止纠正。

（7）强令有病的员工担任任何力所不及的作业。

（8）不顾安全准备工作，强令提前作业。

（9）不执行危险作业审批制度，擅自进行危险作业或在危险场所擅自动火（包括制氢站及储供氢系统、燃油泵房及储供油系统、炉前燃油系统、发电机及氢气系统周围、润滑油及控制油系统、电气配电室等）。

（10）不按规定的技术标准使用设备，强令员工超载、超速、超压、超温、超限运行。

（11）指挥人员站在起吊的重物上指挥上升或下降。

（12）签发违章冒险的施工方法的工作票。

（13）集体隐瞒事故。

（14）进入一线生产现场不穿工作服、戴安全帽。

（15）谎报设备损坏真相以延长检修时间。

（16）指挥斜拉吊物。

（17）非指挥人员进行指挥。

2. 具体表现

（1）设备检修开工前，工作许可人和工作负责人不同时到现场，共同检查安全措施是否已正确执行。

（2）填写操作票不按规定填写设备的双重名称。

（3）需填写操作票的未填写就开始操作（事故处理除外）。

（4）操作时不唱票、不复诵、复诵不严肃，声音微弱双方听不清。

（5）操作票在执行过程中，重要项目未写时间。

（6）操作中不按操作票顺序逐项进行操作，并打"√"。

（7）同时持两份工作票或操作票交叉操作。

（8）操作监护人不到位或不监护，同时担任其他工作，监护失职。

（9）操作前不核对位置、设备名称、编号。

（10）检修工作结束后，运行人员不履行验收手续。

（11）工作票签发人不认真审查工作票安全措施是否完善，开工后也不去现场检查安全措施的执行情况。

（12）交接班制度执行不严，不在岗位进行交接或交接时不认真、不清楚。

（13）不按规定进行设备系统工况检查或未到正点及接班人未签字就交接班。

（14）巡回检查不准时，检查不到位或不按巡回检查线路检查设备。

（15）不按规定时间进行定期切换和定期试验工作。

（16）值班监盘不认真，表计变化发现不及时，不按时抄表或抄表弄虚作假。

（17）该使用一、二种工作票的工作，却使用口头命令代替；该使用电气第一种工作票，却使用电气第二种工作票。

（18）系统重大操作、监护人不到位或降低监护级别。

（19）由低岗人员代替高岗人员监护或操作。

（20）擅自移动安全措施或变更工作票中的安全措施进行

工作。

（21）检修人员工作时不带工作票盲目作业。

（22）检修工作结束验收不认真，现场未清理结票者（工完、料尽、场地清未进行）。

（23）进入生产现场的人员不戴安全帽或不正确戴安全帽（未扣紧帽带）。

（24）进入生产现场未按规定着装，衣服、袖口未扣好，穿高跟鞋、拖鞋、女工进入生产现场未将长发盘在工作帽内。

（25）在工作场所吸烟。

（26）在 1.5m 以上高处作业不系安全带。

（27）从事电气操作、检修、化学有毒、有害、电火焊等特种作业时，未正确使用必须的防护用品（如绝缘鞋、绝缘手套、防毒、防烫面罩等）。

（28）酒后上班作业。

（29）接触高温物体工作，不戴防护手套，不穿专用防护服。

（30）用电话下达操作命令时，不互相通报姓名。

（31）在工作场所存放易燃物品（如未用完的油、脂及氧、乙炔瓶等）。

（32）工作场所随意堆放工器具、用料等，不能保持整洁，实现定置管理。

（33）随意在楼板或建筑物结构上打孔。

（34）在工作场所的井、坑、孔、洞等需要加盖板处，不加盖板或不设围栏。

（35）在通道口（如门口、通道、楼梯、平台等处）随意放置物料。

（36）在管道、栏杆、靠背轮、安全罩上或运行设备的轴承上行走和坐立，翻越栏杆。

125

（37）上爬梯不注意逐挡检查。

（38）凿击坚硬或脆性物体时不戴防护眼镜。

（39）使用没有防护罩的砂轮研磨。

（40）在有可能突然下落的设备下面工作。

（41）在机车驶近时抢过铁道。

（42）在车辆下面或两节车厢的中间穿过。

（43）用吊斗、抓斗运载作业人员和工具。

（44）在卷扬设备运行时跨越钢丝绳。

（45）穿钉有铁掌的鞋子（或携带火种、不关手机）进入油区、制氢、充氢区域。

（46）不对易燃易爆物品隔绝即从事电、火焊作业。

（47）捞渣机清焦时站在近处（小于 1.5m）浇水。

（48）在制粉系统设备附近吸烟。

（49）在起重机吊物下方停留或通行。

（50）未做好安全措施随意进入井下或电缆沟、输水沟内工作。

（51）进入水池清理淤泥时站在水池隔墙下边工作。

（52）在冷水塔水池、蓄水池内游泳。

（53）在容器、槽箱内工作或站在梯子上工作时不使用安全带。

（54）把安全带挂在不牢固的物件上或挂在工作面的低处。

（55）高处作业时不使用工具袋，工具随意放置（易发生高空坠物伤人事故）。

（56）高处作业时将工具及材料随意上下抛掷，高处随意往下抛物。

（57）登高作业时在不牢固的结构上工作。

（58）使用吊篮工作时不使用安全带。

（59）站在梯顶上工作（要求必须登在距梯顶不少于 1m

的梯蹬上工作)。

(60) 将梯子放在门前使用 (若门被推开时,梯子将被推倒)。

(61) 肩荷重物攀登移动式梯子或软梯。

(62) 手拉钢丝绳顶端被裸露的金属丝划伤手部。

(63) 挖掘土石方时,采用掏挖的方法挖掘 (应采用先挖上方后挖下方的方法进行,避免土石坍塌伤人)。

(64) 在开挖的土方斜坡上放置物料。

(65) 在带电体、带油体附近点火炉或喷灯。

(66) 从高处往下撤跳板时,骑在跳板的端头撤跳板 (必须系安全带,做好安全措施)。

(67) 高处作业时随意跨越斜拉条。

(68) 擅自更改施工方案,不设侧面临时拉线 (在组塔加槽钢的作业中,要求先打好两侧临时拉线,然后再解开内拉线加槽钢)。

(69) 在高处平台上倒退着行走。

(70) 擅自使用有缺陷的吊篮作业。

(71) 在导线上作业完毕时,腰系小绳往下落,小绳断裂。

(72) 随意移动孔洞盖板。

(73) 在高处作业时,传运跳板不系安全绳,高处传递物件不系牢。

(74) 在高处作业下方站立或行走。

(75) 非电梯信号人员操作电梯信号 (指施工电梯)。

(76) 照明灯距离易燃物太近。

(77) 擅自销毁爆炸物品。

(78) 高悬空间处所不设防护措施 (高空向室外开的门、平台处)。

(79) 因工作需要监护人暂离作业现场未指定临时接替人。

（80）擅自将消防器材或将消防设备移作他用（如用灭火器挡门、移动灭火沙箱作登高物等）。

（81）安全带弹簧卡扣误扣在衣服上。

（82）不采取防倾倒措施即登杆作业。

（83）新立电杆未牢固便攀登作业。

（84）冒险在 T 形、工字形单梁上行走，不采取安全措施系安全带。

（85）电动机具带故障运行。

（86）在气焊切割工作时氧气、乙炔带绑扎不紧。

（87）吊件到位后不检查是否稳固就贸然摘钩，吊物高空落下伤人。

（88）高处作业时物件不固定。

（89）使用有缺陷的工器具。

（90）工器具、氧、乙炔等气瓶及消防器材不按照规定定期检验合格。

（91）随意从高处跳下。

（92）危险作业不挂警示牌。

（93）修理正在运行的起重机。

（94）非起重工系绳扣。

（95）运行人员、检修人员作业时与他人闲谈。

（96）反措、安措及事故的"四不放过"不落实，连续发生事故。

3. 输煤专业习惯性违章表现

（1）使用刹车不正常的运煤机械。

（2）斗轮机停止工作时，低压电源未停，操作室门未上锁。

（3）擅自允许无关人员进入斗轮机操作室。

（4）未给任何信号开启运煤设备。

（5）用运煤机械载运人员或工具等。

（6）在停止或运行的皮带上站立、越过、爬过、行走及传递各种工具。

（7）清理除铁器时，工作人员未戴手套及携带工具。

（8）擅自允许无关人员进入运煤皮带通廊及转运站。

（9）推土机配合斗轮机作业时，安全距离少于5m。

（10）砸煤时不戴防护眼镜。

（11）不能及时消除煤堆形成的陡坡。

（12）卸煤工人从车厢上直接跳下。

（13）把手伸入输煤皮带遮拦内加油。

（14）在运行时，用铁锹清理皮带滚筒上的粘煤。

（15）捅原煤斗的堵煤时，把煤算子拿掉。

（16）用箍有铁套、铁丝的胶皮管卸油（卸油时严禁箍有铁套、铁丝的胶皮管伸入卸油口）。

（17）输煤机运转中，往皮带辊上抹油膏或直接往滚筒内撒松香。

（18）上煤口煤层超高，到铁算上捅煤。

（19）钻到运行中的皮带下部架构内清理积煤。

（20）火车车辆连挂前不检查车下及各节车辆之间是否有人。

（21）在火车车厢两钩间穿行（火车突然开动）。

（22）不检查附近是否有人即开动斗轮机。

（23）放煤粉和明火作业同时进行。

（24）原煤仓上部不装煤篦子，工人检修时跨越掉入原煤仓。